THE COOK'S ENCYCLOPEDIA OF VEGETABLES

蔬菜烹調百科

THE COOK'S ENCYCLOPEDIA OF VEGETABLES

蔬菜烹調百科

克莉絲汀・殷格朗　著

侯玉杰、張嫻　合譯

晨星出版

NOTES

本書材料的計量單位
1 小匙＝ 5ml
1 大匙＝ 15ml
1 杯＝ 250ml
雞蛋為中等大小
麵包粉可以磨碎的白麵包或全麥麵包代替

Contents

簡介	8
洋蔥和青蒜	14
洋蔥	16
珠蔥	20
細香蔥	21
蒜	22
青蒜（蒜苗）	24
芽菜根莖類	26
蘆筍	28
朝鮮薊	30
西洋芹	32
塊根芹菜	33
卷心蕨	34
東方芽菜類	34
茴香	36
海蓬子（聖彼得草）	37
塊根類	38
馬鈴薯	40
歐洲防風草	46
菊芋	47
蕪菁和瑞典蕪菁	48
胡蘿蔔	50
辣根	51
甜菜	52
蒜葉婆羅門參和黑皮婆羅門參	53
外來植物	54
薑和高良薑	57

葉菜類	58
菠菜	60
抱子甘藍	61
花椰菜	62
嫩莖花椰菜和青花菜	64
蕪菁葉	65
甘藍菜	66
羽衣甘藍和卷葉羽衣甘藍	69
花園與野外的可食用植物	70
中國的青菜	72
結球甘藍（大頭菜）	74
瑞士甜菜	75
豆類與其種子	76
蠶豆	78
紅花菜豆	79
豌豆	80
四季豆（敏豆）	82
玉米	84
秋葵	86
乾豆類	87

Contents

南瓜屬植物   88

密生西葫蘆   90

西葫蘆和夏南瓜   92

美國南瓜和冬南瓜   94

外來種   96

小黃瓜   98

果菜類   100

番茄   102

茄子   105

甜椒   108

辣椒   110

大蕉與綠香蕉   112

阿奇果   113

酪梨   114

麵包果   115

沙拉蔬菜   116

萵苣   118

芝麻菜（箭生菜）   121

菊苣   122

紅菊苣   122

縐葉苦苣和茅菜   122

蘿蔔   124

豆瓣菜   126

芥菜和水芹   127

蘑菇類   128

洋菇   130

草原野菇   131

各種菇類   132

野蘑菇與其他菇類   134

蔬菜料理食譜   136

洋蔥和青蒜料理   138

洋蔥料理   138

細香蔥料理   141

蒜料理   142

青蒜（蒜苗）料理   144

珠蔥料理   148

芽菜根莖類料理   150

蘆筍料理   150

朝鮮薊料理   154

塊根芹菜料理   156

西洋芹料理   158

東方芽菜類料理   160

海蓬子（聖彼得草）料理   161

茴香料理   162

塊根類料理   164

馬鈴薯料理   164

歐洲防風草料理   168

蕪菁與瑞典蕪菁料理   170

胡蘿蔔料理   172

甜菜料理   175

菊芋料理   176

外來植物料理   178

蒜葉婆羅門參和黑皮婆羅門參料理   183

Contents

葉菜類料理   184

嫩莖花椰菜和青花菜料理   184

菠菜料理   186

花椰菜料理   189

瑞士甜菜料理   193

甘藍菜料理   194

蕪菁葉料理   196

結球甘藍（大頭菜）料理   197

抱子甘藍料理   198

中國的青菜料理   200

花園與野外的可食用植物料理   201

豆類與其種子料理   202

蠶豆料理   202

豌豆料理   204

四季豆料理   206

紅花菜豆料理   208

秋葵料理   209

玉米料理   210

南瓜屬植物料理   212

南瓜料理   212

密生西葫蘆料理   214

小黃瓜料理   218

果菜類料理   222

茄子料理   222

番茄料理   224

甜椒料理   226

辣椒料理   230

大蕉與綠香蕉料理   233

沙拉蔬菜料理   234

萵苣料理   234

菊苣和紅菊苣料理   236

芝麻菜（箭生菜）料理   239

蘿蔔料理   241

豆瓣菜料理   242

蘑菇類料理   244

洋菇料理   244

草原野菇料理   246

各種菇類料理   248

野蘑菇與其他菇類料理   250

簡 介

歷史
營養價值
關於本書

作為一個孩子，對我來說有兩種最基本的蔬菜料理：媽媽為我烹煮的與學校供應的。媽媽總是只買最新鮮的蔬菜，她深知如何烹煮，所以媽媽烹煮的菜都既簡單又美味。相較學校供應的蔬菜料理就難吃的多了。而長大後四處旅行更拓寬了我的視野。

從我青少年時期第一次旅居歐洲開始，我依稀記得巴塞隆納某個農產品市場中，一個放滿番茄、胡椒還有茄子的攤位。來自東方、亞洲和加勒比海國家等外來農產品，其形狀一定會使不了解它們的人產生探索與創造的熱情，甚連是日常生活必備的蔬菜都洋溢著驕傲的神情，如馬鈴薯、洋蔥和胡蘿蔔。

↑　蘆筍可麗餅（作法詳見 153 頁）

↓　義大利式烤甜椒（作法詳見 226 頁）

歷史

從人類出現開始，蔬菜就是日常飲食中不可缺少的元素之一，當以捕獵採集維生的族群，學會如何種植與飼養動物時，其生活型態便轉為定居的方式。

考古學證明早在西元前 8,000 年的中東地區，就已種植小麥和大麥，是目前已知最早被種植的農作物，許多可食用植物皆產自此地，因此推論蔬菜是廣泛食用的植物，而不只是某些單調乏味菜餚的救星。

當植物成為日常菜餚的一部分時，令人滿意的，那些不合胃口的蔬菜將被排除，而人

中世紀時就已發現大量蔬菜，而且可在最早的烹飪書中找到食譜。

早期的探險家習慣展示舶來品或戰利品，因此為歐洲上流社會料理增添不少新口味。如：馬可波羅旅行到中國，並在回程中帶回許多香料。哥倫布與後繼的探險家也陸續發現馬鈴薯、番茄、甜椒、南瓜和玉米等。這些農作物適合做為簡單的待客料理，不過馬鈴薯和番茄則曾遭受質疑。

近幾十年來，由於全世界的人們逐漸對於不同氣候所種植出來的蔬菜產生極濃厚的興趣。以至於我們才能夠在任何時間選擇我們需要的任何一種蔬菜，能隨心所欲地購買各種蔬菜甚至是進口蔬菜。這其實是一種奢侈。通常蔬菜在當令季節會因大量收成，而常見於地方攤販中，不會僅出現在現代化的食品賣場，而且價格通常較便宜，所以季節對於農作物仍具有相當影響力。

大部分蔬菜最顯著的特點是：只在其生長季節出現。我們除了利用大都市的超級市場購買世界各地的蔬菜外，也能夠向菜農購得新鮮蔬菜。我認為應食用當季蔬菜並將蔬菜燉或煮成肉湯，較適合寒冷時食用。

們也因此認識到種植可食用農作物的必要性。色薩利和馬其頓早期種植的蔬菜是大豆和豌豆，這些蔬菜對於早期社會非常重要，因為它們生長容易，結果的種子是含高蛋白質的澱粉類食物，而且在風乾後能長時間儲存。

許多為人所熟知的蔬菜在遠古時期就已被種植：如埃及人所種植洋蔥、大蒜、紅皮白蘿蔔、萵苣還有蠶豆；而希臘和羅馬人除種植本土農作物外，還因與其他民族文化的交流而多了許多外來植物品種。

羅馬人不僅發現其他地區的植物，還將其引進他們入侵的國家。如英國，西元一世紀起，豌豆、青蒜、歐洲防風草和蕪菁均已被廣泛種植。

營養價值

　　碳水化合物（澱粉類）食物和蔬菜對於菜餚中的平衡作用可能不被所有人理解，但其確保人體健康與保護性功用卻為人所熟知，專家認為應該每天食用蔬菜。

　　雖然蔬菜的營養因種類、鮮度、處理法和烹調法的不同而有所差異，但它們富含維生素，特別是維生素 C。綠色蔬菜和豆類，更含有維生素 B 群，胡蘿蔔和深綠色的蔬菜也富含胡蘿蔔素，人體能利用胡蘿蔔素產生維生素 A，而植物油更是維生素 E 的主要來源。

　　植物通常含有鈣、鐵、鉀和鎂，以及一些少量需求的微量元素。而供應我們身體能量所需的碳水化合物主要來自澱粉類的植物，有些植物還含有我們必需的膳食纖維。

　　在蔬菜料理中，特別是大豆、豆類與綠豆芽，對於人體蛋白質的攝取有著重要意義。

　　某些以蔬菜為主要營養來源的地區，在相關標題下我們將有特別的標注。

　　蔬菜的營養價值很高，尤其在剛採收還很新鮮時，維生素的含量會隨著蔬菜的鮮度下降。所以，新鮮蔬菜需在購買後盡快食用，千萬不要購買軟爛的蔬菜。蔬菜外皮與其下那一層組織是營養價值集中的地方，所以儘量不要去皮，若真要去皮建議僅去薄薄一層粗纖維，以減少營養價值的流失。

　　礦物質和維生素 B、C 皆能溶於水，它們會流失到湯汁或用來蒸煮的液體中，為減少營養的流失，故盡量不要將蔬菜切成細片，這樣會產生大量可滲水的表面積；維生素 C 也會因長時間的烹煮而流失。

　　生食或短時間烹煮的蔬菜能維持最大量的營養和纖維，因此建議多使用烹煮後的湯汁來製作高湯、滷汁或醬汁。

↓　菠菜

關於本書

蔬菜在料理中占有很重要的地位,能和其他材料結合出絕佳的味道。一些最好的蔬菜濃湯都是許多材料和諧的混合物——如義大利蔬菜濃湯就是洋蔥、胡蘿蔔、番茄和甘藍菜的結合;又或是一道傳統的蔬菜濃湯,就是結合了一些簡單的原料,如:胡蘿蔔、蕪菁與青蒜。

這些蔬菜濃湯與其他菜餚,都是廣泛的結合各種蔬菜創造美味,而非單獨食用。

總而言之,這本書將傳授你把每種蔬菜的美味都發揮得淋漓盡致的食譜。

↑　番茄羅勒派（作法詳見 225 頁）

↓　紅色、橘色和綠色甜椒

這不只是一本關於蔬菜的書,還包含許多蔬菜料理食譜。以蔬菜高湯代替雞肉高湯,能使菜餚更加美味。

書中的這些食譜結合了世界各地的經典菜餚,以及我這些年來的嘗試與發明,許多道料理都受到朋友和家人的青睞。用蔬菜烹調的最大優點就在於一旦掌握了烹調訣竅,食譜就變得不那麼重要了。你會發現你是多麼的享受紅蘿蔔、蘆筍或其他較不常見的蔬菜。你將和我一樣學會用你自己的方式嘗試新的作法。在此祝你好運!

洋蔥和青蒜

洋蔥
珠蔥
細香蔥
蒜
青蒜（蒜苗）

洋蔥 ONION

在各種蔬菜中，總會有你偏愛的部分；但若是沒有洋蔥，廚師就做不出令人滿意的菜餚。有許多專為洋蔥設計的經典食譜，讓人們瞭解洋蔥的美味，如酸辣洋蔥或是法式洋蔥湯，都有其獨特的風味。而且只有洋蔥才是最合適的配料。當然，食譜裡一般都少不了洋蔥或同類的大蒜、青蒜或珠蔥。微炒至軟嫩或大火炒至棕黃的洋蔥，都能使菜餚擁有獨特的風味且美味可口。

歷史

洋蔥、珠蔥、青蒜、細香蔥與大蒜都是蔥屬植物，其種類多達 325 種，因其表皮下含有具揮發性的酸性物質，故都具有洋蔥特有的味道。

考古證明，數千年來人們一直食用洋蔥，人們普遍認定洋蔥源自中東，其易於種植的特性使得洋蔥能被廣泛地種植與食用。《聖經》中也有關於洋蔥的記載，而且在埃及洋蔥已被普遍食用，據說金字塔上有段碑文寫道：金字塔是由 2,250,000 噸的石塊建造而成，在建造時，奴隸共吃掉了 1,600 塔冷通（古希臘、羅馬的重量或貨幣單位）的洋蔥、蘿蔔和大蒜。中世紀前，洋蔥已是歐洲的常用蔬菜，常作為煮湯、燉菜或加強口感的調味料。

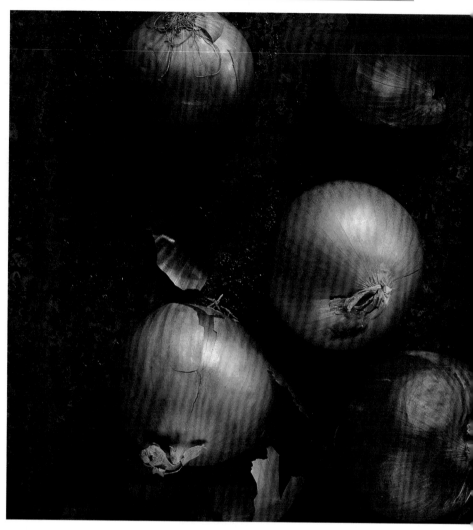

↑　西班牙洋蔥

種類

洋蔥在陰涼的地方容易保存，所以多數人會貯藏洋蔥用於日常嫩煎或輕炒。洋蔥依顏色有不同的功用，某些食譜會選用特定洋蔥。

西班牙洋蔥　與生長在較寒冷地區的洋蔥相比，溫暖地區的洋蔥口感較溫和，其中又以西班牙洋蔥的口感最好。紅銅色的外皮，明顯比黃洋蔥大，味道溫和、清甜，無須烹調，是沙拉的理想食材。薄薄的層次與適中的大小，特別適合用於餡料或整顆烘烤。

黃洋蔥　此種洋蔥隨處可見，儘管被稱為黃洋蔥但其實是金棕色，在所有洋蔥中以黃洋蔥最為辛辣且用途廣泛；個頭最小的洋蔥，如 button onion 或醃洋蔥，都是醃製品的首選，亦可整顆放入火鍋或以奶油嫩煎，都是美味的配菜。

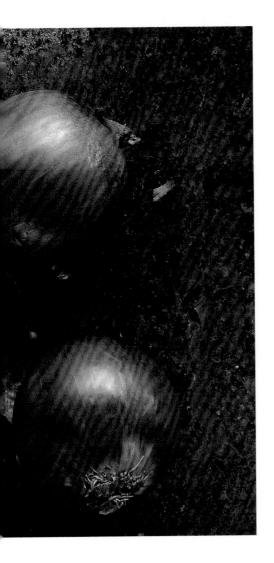

紅洋蔥　有時也稱義大利洋蔥，其口味清淡外表誘人。可在較具規模的蔬菜商與超級市場購得。裹在紅寶石般表皮下的是紅色果肉，口感溫和、清甜，層次極薄，不需烹調，可用做沙拉和開胃菜。

白洋蔥　其形狀、大小各異，最小的白洋蔥呈微微發亮的銀色，口味清淡，可整顆燉煮或用於奶油醬。較大顆的白洋蔥無法明確分辨味道強烈與

↑　薇塔莉亞甜洋蔥
↓　白洋蔥

否；但如黃洋蔥般，白洋蔥用途也很廣泛，生吃、烹調均可。最小的白洋蔥叫做 Paris Silverskin，適合用於馬丁尼與醃製的洋蔥。

薇塔莉亞甜洋蔥　這種受歡迎的美國洋蔥除了是美國喬治亞州的特產外，還以其生產城鎮命名。這種淡黃色的大果實洋蔥相當美味、多汁；通常用於沙拉、烤肉或與其他蔬菜一同入菜，味道極美。

百慕達洋蔥　較西班牙洋蔥小，而且更加矮胖，口味清淡，層次極薄，可炒至金黃後用於牛排或漢堡。

多預防的方法，如在流動水裡切、戴口罩或配帶護目鏡。

最外層的棕色薄膜與第二層都要剝掉，因其常是乾枯無水分或已受傷的。若要以大火炒洋蔥，則要逆紋路切否則就需沿其環狀紋路橫著切。無論是切成整片或半片，都要先從根部將洋蔥縱切成兩部分（見下圖）；若要再切得細些，可再將洋蔥縱向切片。

↑ 大與小的青蔥

青蔥 屬洋蔥的一種，但在未成熟且顏色仍綠時便被採收。口味清淡、微妙，其白色小球根與綠色葉子均可用於沙拉、煎蛋捲和快炒青江菜，或任何需要淡洋蔥的菜餚。

營養價值

如其滋味般，蔥屬植物也對健康有益，含有維生素 B 和 C、鈣、鐵與鉀。如同大蒜，蔥屬植物也含有可預防心臟疾病的抗凝血劑──環蒜氨酸。

採購與保存

隨處可見賣洋蔥的商人，他們騎著自行車穿梭於大街小巷，車上、身上甚至脖子都掛著成串待售的洋蔥。

今日已不易購得成串的洋蔥，若有幸遇見，則它們定是最便於採購與保存的蔬菜。

與大部分蔬菜不同，洋蔥只要被放置在陰涼乾燥處，如食品室或倉庫等，便可以完好保存而不需放入冰箱，因冰箱易使其變軟不新鮮；除非你想要品嘗有洋蔥味的牛奶或讓屋子裡滿是洋蔥味，否則千萬不要將切開的洋蔥放入冰箱或任何地方。洋蔥一旦被切開就不易保存；而且最好依大小分類，如此就不會有剩餘的洋蔥。未使用的洋蔥可重新貯存，否則就必須丟棄。

處理

洋蔥內的化學物質極易於切片時揮發，而這正是使眼睛流淚甚至疼痛的原因，但有許

烹調

在烹調過程中，洋蔥已不再含有易揮發的酸性物質，因此烹煮過的洋蔥味道不如原先強烈。烹調法或是炒法都會影響洋蔥的味道，煮過的洋蔥或直接加入湯或火鍋的切塊洋蔥，其口感更加自然。

以油煎炒或簡單的煎炒或燜（加蓋與少許肥肉一同烹煮）至洋蔥變軟且呈半透明狀時，洋蔥會散發出清淡的味道；當炒至棕黃色時，洋蔥會變得香甜可口，加在咖哩中或用於烤肉則會更加美味，這種做法的洋蔥也是法式洋蔥湯中不可或缺的要素之一。

珠蔥 SHALLOT

珠蔥並不是小洋蔥而是另一個品種蔥屬的植物，有著比洋蔥淡的微妙滋味，且易溶於液體，因此珠蔥常作為增添醬汁香氣的食材。珠蔥體積較小且成簇生長，所以拔起其中一棵時，會連帶地拔起2、3棵根部相連的珠蔥。

小巧的珠蔥使其適用於小洋蔥的食譜，當只需少量洋蔥或些許洋蔥味時，即可以珠蔥代替，若說珠蔥能完全取代洋蔥或許有些誇張，但當食譜特別需要珠蔥（尤其是醬汁的食譜），就是必需的材料。

儘管傳統食譜常要求與眾不同的配料，但即興創作的藝術也不容忽視，如傳統的法式燒酒雞就是以核桃般大的白洋蔥為主要食材，但若以珠蔥取代洋蔥，則味道會更加鮮美。

歷史

珠蔥的歷史或許與洋蔥一樣古老。而以珠蔥製成的醬汁十分美味，這點在羅馬的相關歷史中亦有詳實記載。

種類

珠蔥是有著金黃色或紅銅色外皮，體型較小、較細長的洋蔥，種類眾多但不太容易在超級市場中選擇，因為大小和顏色的差別比口味明顯。

採購與保存

與洋蔥一樣需選購未發新芽的珠蔥，且可於陰涼乾燥處保存數月之久。

處理與烹調

如洋蔥般需去皮，去掉頂端和根部後，剝掉外皮，摘下鱗莖並仔細切片。注意！珠蔥體積小又易滑，容易誤傷手。當將整顆珠蔥用於烹調時，需用中火，切勿炒至發黑。

細香蔥 $_{CHIVE}$

細香蔥 $_{CHIVE}$

在烹飪上，細香蔥被視爲草藥，但因蔥屬植物，故在此說明：種過細香蔥的人都知道，它是簇生的香味植物，漂亮的淡紫色花朵亦可食用。

處理與烹調

細香蔥多以剪刀剪碎並加入雞蛋料理，或作爲沙拉和湯的裝飾；它能替菜餚增添淡而可口的洋蔥味。細香蔥與巴西利、龍蒿、山蘿蔔同樣是上好香草的必備元素之一。

細香蔥也是軟乳酪的美味配料，而且遠比量產乳酪好吃得多，因量產乳酪嘗不出細香蔥的味道。可取代大蒜，跟奶油拌勻後抹在麵包上，像烘烤蒜蓉麵包那樣烤，否則會破壞原味。

韭菜 $_{CHINESE}$ $_{CHIVE}$

韭菜有時也被稱做蒜蔥，具有清淡的蒜味，針對能爲料理與傳統東方菜餚增添洋蔥的清香味這一點，這種蔥屬的植物就很值得購買。

處理與烹調

和細香蔥一樣，綠色的莖和花皆可食用，其本身也可作爲美味的蔬菜配料。

採購與保存

以上兩種蔥屬植物，都需購買豐滿、翠綠，沒有棕色斑點或枯萎的。置於冰箱中可存放一週，韭菜尚未開花表示還很新鮮，而且比已開花的嫩。

↓ 細香蔥

↓ 韭菜

蒜 GARLIC

蒜是烹調過程中不可或缺的食材之一，也絕對是愛好廚藝的人不能缺少的食材。

歷史

已知蒜最早種植於西元前3,200年左右，在埃及金字塔發現的文獻與大蒜塑像證明，蒜不僅是重要食材，且具重要的商業意義。希臘和羅馬人都相信蒜具有神奇功效，戰士在戰鬥前需食用蒜以獲得力量，敬神更是要以大蒜作為貢品。蒜瓣亦常被串起圍繞在嬰兒脖子上用以避邪，由此可見，吸血鬼的故事的確有其傳統意義。

希臘和羅馬人將蒜作為治療用品。人們認為蒜不僅可以刺激性慾，還能治療濕疹、牙疼以及蛇吻。

考古學家在愛爾蘭挖掘出200-300年前蒜味濃重的成桶奶油，基本上，歐洲人對於蒜的喜愛起源於對地中海地區、印度和亞洲食物的熱愛，而在這些地區的食物中，蒜有著非常重要的地位。

營養價值

原本被認為是無稽之談的說法，卻被科學實驗證明為正確例子的即是大蒜，多數專家均認同大蒜具有療效。在蒜的眾多療效中最具意義的是，蒜可降低血液的膽固醇含量並有助於預防心臟疾病；此外，生蒜含有抗生素十分有效，而且經證據證明它對治療癌症、中風亦有顯著效果，更能促進維生素的吸收。大蒜愛好者常拿它當藥吃，但真正瞭解大蒜的人多傾向於保持常態，並不刻意多加食用。

↑　一串有著粉紅色外皮的大蒜

色或紫色。蒜的顏色與味道並沒有什麼關係；但大顆的紫色蒜球，其吸引人的地方就在於，隨便放在廚房都是一道美麗的風景線。

依常理推斷，蒜的體積越小就越辣，但商店販售的多數蒜並未依形狀或大小分類，購買時，無論散裝、成束或成串，均視需要購買。

生長於熱帶的蒜最辣，剛上市的蒜口味清淡，放入沙拉生食或醬汁中，效果尤佳。

↑　象大蒜，旁邊是普通大小的蒜球

採購與保存

質量好的蒜球應是蒜瓣間緊密相連、圓形、表皮潔淨且薄如紙。切勿購買發芽的蒜，並存放於陰涼乾燥處，若空氣潮濕則容易發芽；若存放處過於溫暖，則蒜瓣會變暗、變乾。

處理與烹調

首先將蒜一瓣瓣分開並去皮，也可將其置於熱水中去皮，但使用指甲或小刀會更方便。縱向切開蒜瓣即可看見中心的綠色嫩芽，有些人一定會將嫩芽去掉。蒜球由蒜瓣組成，許多食譜中都需要一瓣或數瓣大蒜（當只需一瓣蒜時，切勿加入整顆蒜球）。

用刀面、小刀或專用工具將蒜拍碎或搗碎，如此可讓蒜比切片或切碎更易於入味（快炒料理除外）。視味道強烈準備蒜的數量：蒜片的辣味比蒜末弱些，但蒜末較之搗碎的蒜泥又更弱些，當然烹調過程也會減弱辣味。

種類

大蒜的品種繁多，大如「象大蒜」，小的則如「球根」，它薄紙般的外皮有白色、粉紅

充滿蒜味的口氣

即使只食用一點點的蒜，其蒜味仍會殘留在嘴裡且難以去除，嚼巴西利是眾所周知的去味法，但效果並不顯著。

據說可以嚼小豆蔻籽，但效果似乎也差強人意。最好的建議是與你的朋友一起吃，這樣就沒有人會在意了！

青蒜（蒜苗） Leek

青蒜的用途廣泛而且味道獨特，在製作派或火鍋時，加入青蒜與其他材料，味道會極其鮮美；亦可單獨以奶油醬燉煮或作為配菜與奶油一起煨燉。

以青蒜製作的湯極為美味且頗負盛名，並被譽為「洋蔥湯的帝王」。源自蘇格蘭的起司洋蔥湯和紐約麗池卡爾登飯店主廚發明的青蒜奶油濃湯都是經典的青蒜湯，而且許多其他的湯也都需要用到青蒜。

歷史

與洋蔥、蒜一樣，青蒜的歷史也很悠久，已知在古埃及時便已被廣泛種植與食用，在希臘和羅馬時期也受到廣泛歡迎。在英格蘭更有證據顯示青蒜在黑暗時代（從羅馬帝國滅亡至西元 10 世紀的歐洲歷史時期）時已被普遍食用。歷史記載 16-18 世紀，食用青蒜並不是什麼新鮮事。

雖然在貴族統治時期，幾乎無人問及青蒜，但鄉村地區的人們仍延續著食用青蒜的習慣。青蒜在任何氣候條件下都可生長，且收穫量足以讓窮人家吃飽；可能就是此原因，使得青蒜被譽為「窮人的蘆筍」，這個名字更彰顯人們對食物的偏好，而非只針對青蒜。

英格蘭許多地名均源自青蒜一詞，如 Leckhampstead 和

Leighton Buzzard，當然青蒜數百年來都是威爾斯的象徵。

種類

青蒜有許多不同品種，但味道卻沒什麼差別，量產的青蒜長約 25 公分，直徑約 2 公

↑ 青蒜

分；而自家種植的青蒜比這個大，不過中心部位容易變硬。

↑ 野韭菜

野韭菜 在眾多野生洋蔥和青蒜中，以又稱野生青蒜的加拿大野韭菜最有名，它看來有點像青蔥但味道更重、更近似於蔥蒜。需選擇無斑點、白淨、葉子明亮且新鮮的野韭菜，以塑膠袋包裝置於陰涼處。

處理與烹調法均和青蔥相似，去根後切碎；可用於烹調或製作沙拉，但切記：因其味道強烈，故需小心使用。

採購與保存

需選購看來新鮮、健康的青蒜，而且蒜白要堅實、無斑點，葉片要鮮綠而有生氣。因為青蒜保存不易，所以最好是現吃現買，若需保存則要除去葉片，存放在冰箱的蔬菜保鮮箱或陰涼處，但幾天後青蒜會開始枯萎。

處理

烹調前，徹底洗淨青蒜是很重要的工作，因泥沙會殘留在根部。處理時，要將葉子切掉並清洗根部，除非青蒜十分新鮮或是自家種植，否則需將最外層表皮剝除並從根部穿過中心向葉端剖開（見下圖）。以流動冷水沖洗，才能徹底洗掉殘留的泥沙。若用刀將青蒜切片，無論切大塊或小塊，都需將它置於濾網中並以冷水徹底沖洗。

烹調

青蒜可先蒸或煮，再加入料理中，或直接將青蒜切片以奶油翻炒約 1 分鐘再加蓋蒸煮，如此才不會變黑；青蒜與洋蔥不同，青蒜若炒至棕色，則會太老而讓人沒有食慾。可以在翻炒時加入些許的蒜與薑；若炒得太過頭，則可加入一些高湯和醬油再燉煮至柔軟即可。

芽菜根莖類

蘆筍

朝鮮薊

西洋芹

塊根芹菜

卷心蕨

東方芽菜類

茴香

海蓬子（聖彼得草）

蘆筍 Asparagus

蘆筍是一種與眾不同的蔬菜，即使在盛產季節其價格仍居高不下，這使得它與其他蔬菜如甘藍菜、花椰菜有所不同。蘆筍產季在夏初，此時蘆筍的莖呈綠色且粗壯，具有令人難以形容且印象深刻的美味。若眾神們要選一種食物享用的話，他們必定會選蘆筍並加上一點荷蘭酸味蘸醬。

歷史

早在古希臘人們就開始食用野生蘆筍，但直到羅馬時期才發現蘆筍的種植法，當時人們對蘆筍的評價很高。據記載，凱撒吃蘆筍喜歡蘸著融化的奶油。直到 17 世紀，英國人才開始食用蘆筍，比頓夫人就有 14 道蘆筍食譜，從她食譜上記載的價格看來，蘆筍在維多利亞時代仍屬高價位蔬菜。

營養價值

蘆筍富含維生素 A、B2、C 以及礦物質鉀、鐵和鈣，也以具利尿的功用而聞名。

種類

蘆筍的品種很多，有些西班牙和荷蘭的蘆筍是白色的，具有乳白色筍尖，生長在土壤底下，筍尖剛冒出時即可採收。紫色品種的蘆筍主要生長在法國，在當地蘆筍尖長到超出地面 4 公分即可採收。紫色品種的蘆筍有白色的莖，筍尖呈綠色或紫色。相對地，英國與美國的蘆筍卻是生長在地面上，而且整枝蘆筍都是綠色的。因此，人們對於哪一種蘆筍的味道較好這個問題爭論不休，不過每位蘆筍栽種者都認為自己種植的是最好的！

短蘆筍多用於蒸、炒或做蔬菜沙拉，義大利人則習慣撒上巴馬乾酪食用。

採購與保存

　　蘆筍的生長期短，約在春末夏初，時至今日，全年都能購得蘆筍，但在生長期以外均需仰賴進口。進口蘆筍的味道也很好但價格昂貴，風味和國產蘆筍不同，因為從採收起，蘆筍的味道即開始改變。

　　購買時應挑選筍尖緊捲、新鮮且莖嫩又直的，切勿購買莖幹不光滑且彎曲的蘆筍，因其可能已長時間儲存。蘆筍可存放幾天，但需整束存放於冰箱的蔬菜冷藏抽屜中。

處理

　　除了剛採收的蘆筍外，所有蘆筍都要切掉又硬又老的根部，若莖的底端很堅硬，則需去皮（見下圖），不過若是很新鮮的蘆筍是不需要削皮的。

烹調

　　烹調蘆筍的難處在於筍尖易熟，但莖需要多些時間，所以最好使用蘆筍專用鍋烹煮，將蘆筍筍尖朝上置於金屬籃中，再將金屬籃放在盛有沸鹽水的鍋中，加蓋煮至蘆筍莖軟為止。若沒有蘆筍專用鍋，也可以將整束蘆筍豎著放入盛有沸鹽水的深鍋中（整束蘆筍間可塞些馬鈴薯以固定其位置），再用圓形鋁箔紙當蓋子烹煮 5-10 分或直到蘆筍莖變軟。烹煮時間長短取決於蘆筍莖的粗細，不過要當心別煮過頭囉，蘆筍需保留其口感。

　　以橄欖油烘烤烤的蘆筍口味很棒又簡單，食用時再撒些海鹽會更美味！若是水煮蘆筍，於食用時蘸些融化奶油可為蘆筍增添不少美味。

↑　蘆筍

朝鮮薊 GLOBE ARTICHOKE

朝鮮薊是一種可口且有益健康的蔬菜，盛產於法國布列塔尼半島，七、八月時可常見農民在路邊販售大又新鮮的朝鮮薊，是極佳的採購時間。

歷史

目前還無從考證古代是否食用朝鮮薊，雖然某些作品有過類似描述，但那指的是南歐朝鮮薊（一種類似朝鮮薊的野生植物）。許多南歐國家均有南歐朝鮮薊分佈，但僅有義大利有人工種植的南歐朝鮮薊，不過歌德卻不如義大利人般喜歡這種蔬菜。他在《Travels Through Italy》一書中提到：「農民食用的是一種叫做『薊』的食物」，但他對此似乎並不感興趣。

現在，南歐各國和美國加州均有種植朝鮮薊，在義大利、法國和西班牙，朝鮮薊往往在還未成熟時就已被食用。很不幸地，在這些國家中，這種青嫩的美食在剛被看見就被吃掉的情況下，完全沒有外銷的機會。

採購與保存

雖然超市裡全年都有朝鮮薊販售，但仍以盛產季節的朝鮮薊品質最佳；冬季時的朝鮮薊像標本般小而乾的模樣看起來就很糟糕，實在不值得購買甚至是烹煮。在朝鮮薊品質最佳的時期，葉上會有花，且內葉緊緊地包裹著菜心，看起來就很新鮮。朝鮮薊放在冰箱的蔬菜冷藏抽屜裡能保存 2-3 天，不過最好儘快食用。

處理與烹調

先去根並除去一些莖底端的纖維後，切平朝鮮薊底部再摘掉小葉子，若是帶刺的葉子則以剪刀一剪去（見上圖），再用流動冷水洗淨，以沸水煮過並在水中加入半顆檸檬的汁使其略帶酸味。大的朝鮮薊需燉煮 30～40 分鐘直到變嫩，想要知道是否煮好，可撕葉片，若能輕易撕下則表示葉底已經柔軟了。

← 朝鮮薊

朝鮮薊與飲料

朝鮮薊含洋薊酸，它會影響大多數人的味覺（奇怪的是並非所有人），而使人感覺食物變甜。若在食用朝鮮薊時喝酒，則會破壞酒的味道，所以請不要將你的好酒浪費在朝鮮薊上，改飲用冰水，感覺會有種甜甜味道。

↑ 南歐朝鮮薊

食用朝鮮薊

朝鮮薊的吃法很有趣，因為必須用手食用，所以不太適合華麗的宴會，在晚會優雅的氣氛中更是一大阻礙。招待客人時，可讓兩位客人共享一顆朝鮮薊，如此客人們就能享受從兩邊撕下朝鮮薊葉並蘸上蒜味奶油或醋油醬吃的樂趣。若想替每位客人都送上一份，則要一個個地上菜。食用朝鮮薊時，醬汁很重要，要給每個人的盤子裡加一杓或給每人一個盛醬汁的小碗。沾醬後，咬下葉片再吃掉多肉的部分並把剩餘的葉片放在盤邊。吃完大多數葉片後，撕下中心的小薄葉或切掉底部的硬塊，就能看見菜心了，再用刀叉切開後沾蒜味奶油或醋油醬食用。

南歐朝鮮薊 Cardoon

這種巨大的蔬菜和朝鮮薊類似，口味極佳，擁有蘆筍和朝鮮薊的優點；人工種植的南歐朝鮮薊能長到 2 公尺。成熟後，南歐朝鮮薊如西洋芹般，成長時莖會變得蒼白，但只需用報紙與黑色塑膠袋包住莖幾週，在秋末降霜前採收，莖就會變成淡綠色。南歐朝鮮薊在南歐是一種很受歡迎的蔬菜，但在其他地方不太常見。西班牙人就很喜歡吃這種南歐朝鮮薊，他們的餐桌上常有煮過的南歐朝鮮薊、栗子和核桃，但他們只食用內部的莖和菜心。

← 小朝鮮薊

西洋芹 Celery

有人說食用西洋芹能減肥，因為嚼西洋芹所需消耗的熱量比它含的熱量還高，雖然這可能只是謠言。但西洋芹的口味獨特，既強烈又可口，這使得它成為料理、湯、生菜沙拉或內餡的絕佳選擇。而且因其風味與清脆的口感，使得以西洋芹為主的生菜沙拉與其他沙拉形成強烈對比，如華爾道夫沙拉或核桃酪梨沙拉。

歷史

人們食用西洋芹已有幾百年的歷史，西洋芹產於義大利，在當地多用來製成沙拉。

營養價值

西洋芹所含的熱量很低，但有豐富的鉀和鈣。

種類

大多數的果菜商和超市會視季節不同販售綠色或白色的西洋芹，如果你不知道綠色和白色西洋芹的差別也很正常。自然生長的西洋芹其莖為綠色，但若把土堆積在幼苗周圍，則莖因為未受陽光照射而呈嫩白。白色的西洋芹因為被鬆鬆地埋在土裡，所以看起來「髒髒的」，而綠色西洋芹看來則很乾淨。白色西洋芹較耐寒，只有冬天才生產，而且比綠色西洋芹柔軟，也比較沒有

↑　西洋芹

苦味，所以普遍受到親睞。西洋芹被認為是冬天的蔬菜，人們習慣在耶誕節假期食用西洋芹做成的內餡或火雞、火腿的醬汁。

採購與保存

白色西洋芹的產季是冬天，請選購沒洗過的「髒」西洋芹，其味道比超市中乾淨的

西洋芹好。要買葉片新鮮、莖幹直挺的。而不是缺葉缺莖，可能不夠嫩的西洋芹。西洋芹能在冰箱的蔬果冷藏抽屜存放幾天，甚至是把西洋芹包上吸水紙放在水瓶中也還能生長。

處理

除非必要否則不要水洗，剝開西洋芹，並用利刃切齊底

部，視需要切片，若欲生吃且不切開，則需從底部削去每根莖外面粗糙的纖維。

烹調與食用

西洋芹可切薄片後製成沙拉，拌乳酪或酸奶油生食；不管是整棵或切片的燉西洋芹，味道都很棒。西洋芹獨特、美味、略澀的口味，使得它成為湯或內餡的絕佳食材。

↑ 白色西洋芹

塊根芹菜 Celeriac

嚴格來說，塊根芹菜是根類蔬菜，它是一種西洋芹的根。呈球形，有一層棕色或白色的不光滑表皮，味道和西洋芹有點像，但不很明顯。切碎後生食，口感清脆，煮熟後味道又很像馬鈴薯。烤乳酪脆皮馬鈴薯片和塊根芹菜片是道很受歡迎的菜餚。

採購與處理

買塊根芹菜時要盡可能買小一點的。這種蔬菜在光照下會變色，所以削做或切片後要放入加了檸檬汁的水中。

烹調

塊根芹菜能用來煮湯或切小塊煮好後拌入馬鈴薯沙拉。

↑ 塊根芹菜

卷心蕨 FIDDLEHEAD FERN

卷心蕨有時也稱鴕鳥蕨，是綠色嫩芽。卷心蕨口味獨特，兼有蘆筍和秋葵的味道，而且口感柔軟，因此在東方菜餚中很受歡迎。

處理與烹調

可以切掉根後蒸，或以少許水來燉，也可以奶油煎到變柔嫩。可以做為沙拉或加些荷蘭酸味蘸醬做成第一道菜。

↑ 卷心蕨

東方芽菜類 ORIENTAL SHOOT

竹筍 BAMBOO SHOOT

在遠東地區的市場上能買到可食用的新鮮竹筍。那些脫去棕色外衣的嫩芽即是可食部分。雖然東方的商店有時也會出售新鮮竹筍，但最常見的還是罐裝的。但罐裝竹筍的味道並不鮮美。新鮮竹筍有種淡淡的獨特味道，有點像朝鮮薊，而罐裝的味道就差遠了。但口感的影響不大，嚼起來還是硬而脆的。而口感和味道一樣重要，在中國菜中尤其如此。

處理與烹調

削掉表皮，在沸水中煮約半小時。煮過的竹筍不會變

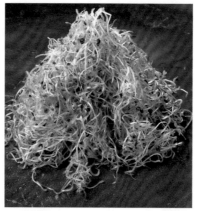

↑ 苜蓿芽

軟，但也不會變太硬，之後再切薄片加上蒜味奶油或醬汁當配菜，也可以炒菜、做春卷或其他需要這種口味的料理。另外，罐裝竹筍是以鹽水浸泡的，所以食用前要先洗乾淨。

↑ 綠豆芽

綠豆芽 BEAN SPROUT

綠豆芽是一種被忽視的蔬菜，它被隨意地用來做料理，因為人們認為它沒味道。綠豆芽的命運本不該如此，因它不僅味道鮮美而且有益健康。所有的種子都能發芽，但豆科是

芽類蔬菜中最受歡迎的種類，商店中最常見的是綠豆芽，不過紅豆、苜蓿、扁豆和大豆都能發芽，而且味道也不錯。

營養價值

綠豆芽含大量蛋白質、維生素 C 及 B 群，而且味道鮮美，尤其是做成沙拉或夾在三明治中生食。對於節食者來說，綠豆芽是理想的食物，因其熱量低，營養價值豐富，且不需佐料味道和口感就很好。

採購與保存

綠豆芽要買新鮮的，因為放久了會變酸。新鮮綠豆芽應是飽滿硬脆，而不是軟綿綿的，芽尖應是綠色或黃色，如果芽尖開始枯萎表示不新鮮。

烹調

炒菜時，綠豆芽要最後下鍋，且炒的時間要盡可能短，才能保持它清脆的口感和豐富的營養價值。要是想自己種綠豆芽，則要買專用種子，且多數健康食品商店在出售這些種子時會附帶種植法。

棕櫚心 Palm Heart

棕櫚心是棕櫚樹的花蕾，它清淡可口，所以許多人喜歡它。在東方的商店可以買到罐裝棕櫚心，但新鮮的卻不多見

↑　生長中的綠豆芽

所以很珍貴。棕櫚心能用來燉或煎、炒，但要燙一下以除味，也可加荷蘭酸味蘸醬熱食或加醋油醬冷食。

荸薺 Water Chestnut

這是許多水生植物和它們形似堅果的果實通稱，最著名且最受歡迎的就數荸薺，有時也稱為中國莎草。在中國，荸薺的種植法和水稻完全一樣，它們需要相同的生長條件，如高溫、淺水、肥沃的土壤。春天要把荸薺的球莖栽入田裡，之後在田裡注 10 公分高的水。秋天把水排乾後抗出球莖並儲存一個多天。中國料理經常用到荸薺，它味道香甜且帶有清脆的堅果味，生熟均可食用，是中國料理的極品。

↓　從左上順時針方向依序為：罐裝荸薺、罐裝竹筍、新鮮荸薺、罐裝棕櫚心

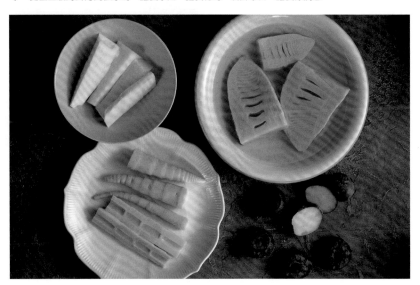

茴香 FENNEL

茴香和草本植物、香料植物關係密切，它有許多名字：佛羅倫斯茴香、甜茴香、甘茴香還有義大利茴香。和香草很像的茴香，味道獨特，有點像八角，特別適合佐魚。所以可做為魚的配菜，也常做成魚高湯、醬汁或湯。茴香葉可食，可做為高湯或湯的裝飾用菜。

歷史

英國人在最近20幾年前才開始食用茴香，儘管它歷史悠久，早在古埃及、古希臘、古羅馬時期就已被食用。在義大利，茴香已有幾世紀的歷史，一些最好的茴香食譜就來自義大利及地中海其他地區。

採購與保存

要盡可能買莖小且嫩的茴香，莖要是白色、光滑而潔淨，葉是綠色，輕而軟且新鮮。在冰箱的蔬果冷藏抽屜裡茴香可存放1-2天。

處理

茴香莖需除去粗糙外皮（但可用來做高湯），切時可豎著切成條狀，也可橫著切成圓片，用來做沙拉時要切成丁。

烹調與食用

切成薄片後，茴香可以加上一點油醋醬生吃。用它做成的沙拉和用蘋果、西洋芹等口感清脆的配料做成的沙拉，味道截然不同。把洋蔥、番茄、大蒜和茴香一同燉味道也不錯。

海蓬子（聖彼得草）Samphire

海蓬子有兩種，濕地海蓬子生長在入海口或海邊濕地；岩地海蓬子，有時也稱海茴香，生長在海岸岩縫中。它們的名字相似，都和海有密切關聯，但卻是兩種完全不同的植物，所以很令人困擾。

魚販賣的是濕地海蓬子，也稱歐洲海蓬子或海蘆筍，因為芽和蘆筍的芽很像。

海蓬子的生命力強，遍佈歐洲和北美，目前並沒有人工種植的海蓬子。所以只有在夏末秋初的產季人們才能吃到。

海蓬子本身是鹹的，有碘的味道，但清脆新鮮的口感很容易讓人聯想到海，也很適合和魚一起拌著吃，也可以蘸溶化奶油食用，味道都不錯。

採購與保存

在盛產季節魚販會收集大批海蓬子販賣。但它的保存不易，所以現買現煮現吃最好。

處理與烹調

依個人需求可以，把海蓬子以流動冷水沖洗後再蒸一下，但不要超過 3 分鐘。或在沸水中煮 3-5 分後把水倒掉。生吃時先川燙過能使鹹味變淡。

生吃海蓬子時，只要把芽咬掉，就可以吃到菜心中汁多味美的部分。

↑　茴香莖

↓　濕地海蓬子

塊根類

馬鈴薯

歐洲防風草

菊芋

蕪菁和瑞典蕪菁

胡蘿蔔

辣根

甜菜

蒜葉婆羅門參和黑皮波羅門參

外來植物

薑和高良薑

馬鈴薯 Potato

歷史

馬鈴薯發源於南美洲，多數人相信是羅利爵士將這種塊莖從維吉尼亞帶到英國，但歷史學家從未確認過這一點。因為直到18世紀，南美洲還沒有人知道馬鈴薯，他們普遍相信這是德雷克爵士所為。1586年，德雷克在加勒比海和西班牙人作戰後，無法從哥倫比亞北部的卡塔黑納得到煙草和馬鈴薯。在回英國途中，曾到羅安諾克島和維吉尼亞海岸停泊。因羅利爵士資助的第一批英國殖民者早已在當地定居，但那時候，卻要求德雷克爵士帶他們回英國，其中一些人當然會帶著食物，其中就包括馬鈴薯塊莖。

顯然伊麗莎白女王非常喜歡馬鈴薯，而園藝家也對這種作物感到驚奇；但馬鈴薯並非一夜之間就受大眾歡迎。富人鄙視它，認為它食之無味，是窮人的食物。人們不相信它們能在地底下成熟，認為它們是魔鬼的作品。蘇格蘭長老教會牧師在集會上暗示信徒《聖經》裡沒有提過馬鈴薯，因此，食用馬鈴薯是不虔誠的舉動！

儘管受到惡意批評，馬鈴薯的好處仍然慢慢得認可。在1650年已經成為愛爾蘭的主食。而歐洲其他地區，馬鈴薯也開始取代小麥成為最重要的農作物。早期一本英國烹飪書《亞當的享受和夏娃的廚藝》裡，就記載了20種馬鈴薯烹調菜單法。

1719年在美洲的倫敦德里（位新罕布夏），馬鈴薯首次被提到它們不是來自南方，而是愛爾蘭殖民者帶去的。

馬鈴薯的普及其實應歸功於18世紀下半葉的法國人Antoine Auguste Parmentier，他是位馬鈴薯用處的軍事藥劑師，因此他著手改變人們心中的形象。他說服路易十六讓他在凡爾賽宮周圍的皇家土地種植馬鈴薯，並以此影響對時尚頗敏感的巴黎人。他還烹調了一桌皇家大餐，每道菜裡都以馬鈴薯為食材。漸漸地，從法國皇室到整個法國社會，吃馬鈴薯就成為別緻的象徵。現在，如果你看到食譜或菜單裡有Parmentier這個詞，意思就是「用馬鈴薯做」。

營養價值

馬鈴薯是碳水化合物的重要來源。人們曾經認為它會導致發胖，但恰好相反，馬鈴薯是低卡路里飲食的組成成分。當然，前提是要未經油炸，或和過量奶油一起搗碎。馬鈴薯富含維生素C，是維生素C的主要來源，冬季收成的品種還含有鉀、鐵和維生素B。

種類

世界上有四百多種馬鈴薯，不過除非你是種植者，不然你約只能辨識15種左右。幸好馬鈴薯包裝都寫有名字，這讓我們更容易區分不同品種，找出哪種馬鈴薯好或不好。

↓ Maris Bard 馬鈴薯

新品種馬鈴薯

Carlingford 馬鈴薯 是新品種，也是主要作物之一，其果肉緊而白。

Maris Peer 馬鈴薯 此品種的馬鈴薯果肉乾硬，質地光滑，烹調後不會散開，因此它很適合做沙拉。

Maris Bard 馬鈴薯 形狀規則，果肉為白色。

Jersey Royal 馬鈴薯 是產季最早的馬鈴薯，一百多年來，都是在澤西島種植的。可煮過後沾著奶油和一撮巴西利食用，但不可攪拌。Jersey Royal 的形狀像腎，黃色果肉的味道獨特。切勿混淆 Jersey Royal 和 Jersey White 馬鈴薯，後者其實是生長在澤西島的 Maris Piper 馬鈴薯。

主要的輪作馬鈴薯

Desirée 馬鈴薯 這是種粉紅色外皮，黃色果肉且口感柔軟的馬鈴薯，適合烘烤、切片和搗碎食用。

Estima 馬鈴薯 適合各種烹調法，有著白色果皮與黃色果肉。

Golden Wonder 馬鈴薯 果皮為黃褐色，是薯片的首選，如果看到這種馬鈴薯，應該毫不猶豫地買下，因為它非常適合煮食或烘烤。

Kerr's Pink 馬鈴薯 是種粉紅色果皮，淡黃色果肉，是適合烹煮的馬鈴薯品種。

King Edward 馬鈴薯 儘管它的味道可能不是最好的，但卻是最有名的英國馬鈴薯。King Edward 的果皮是乳白色的，質地稍微有點粉。

↑ Cara（左）和 Estima（右）馬鈴薯

除了紅色果皮，紅 King Edward 和一般的 King Edward 沒什麼不同，這兩種馬鈴薯都適合烘烤或直接烤後食用。

↓ Finger 馬鈴薯

Maris Piper 馬鈴薯　是種普遍種植的馬鈴薯，因適用所有烹調法，如烘烤、薯片、烤馬鈴薯和馬鈴薯泥而大受歡迎。其暗白色果皮光滑，果肉則為乳白色。

Pentland Dell 馬鈴薯　這種長橢圓的馬鈴薯，其粉狀質地容易在烹調過程中粉碎，因此多以烘烤為主，當烤製一半時外層變軟後，會變得鬆脆。

Romano 馬鈴薯　這種馬鈴薯外皮呈特殊的紅色，果肉為淡黃色，如 Desirée 馬鈴薯般，是極佳的食材。

Wilja 馬鈴薯　從荷蘭引進的白皮黃果肉馬鈴薯有種甜味與澱粉狀的質地。

↑ Desirée（左）和 King Edward（右）馬鈴薯

其他種類

雖然其他品種馬鈴薯也是主要作物，雖不如以上品種常見，但能在超市購得的種類也越來越多，多適合做成沙拉、馬鈴薯泥或簡單的烹調。

Cara 馬鈴薯 是較大的馬鈴薯，烘烤煮的口感很好，也是極佳的食材。

Finger 馬鈴薯 約大拇指大，長的小馬鈴薯有時叫做 Finger 馬鈴薯或小馬鈴薯。其中一個品種叫做 German Lady's Finger 馬鈴薯。是新的輪作馬鈴薯，只需要簡單的烹煮，就能做成沙拉或和少許奶油與巴西利一起食用。

La Ratte 馬鈴薯 是一種法國馬鈴薯，外皮光滑，果肉為黃色，有栗子的味道，做成沙拉非常美味。

Linzer Delikatess 馬鈴薯 這種馬鈴薯較小，形狀像腎，外表與 Jersey Royal 有點相似，但是外皮蒼白光滑。味道清淡，可以平衡其他配料的味道，最適合做成沙拉。

Pink Fir Apple 馬鈴薯 是種很古老的英國品種，粉紅色外皮與黃色果肉，質地細膩。

已日漸普及且風味獨特。

Purple Congo 馬鈴薯 若你想嚇你的朋友，就可使用這種深紫藍色的馬鈴薯。這種馬鈴薯也分好幾個品種，顏色從淺紫色到紫黑色不等，但其中最風行的是有著奇妙深紫色的 Purple Congo。最好的烹調法是煮過後拌著少量奶油一起食用，烹調時要保留其色。

↓ Linzer Delikatess 馬鈴薯

↓ Purple Congo 馬鈴薯

Truffe de Chine 馬鈴薯
是另一種深紫黑色的馬鈴薯。
起源尚不清楚，但現在生長在
法國。它帶堅果味和一點肉
味，最好放在沙拉裡，加上簡
單的醬汁食用。和 Purple Congo
一樣，烹調後還是紫色的。

推薦烹調法

烘焙 應選用口感較粉的
馬鈴薯，如 Golden Wonder、
Pentland Dell、King Edward 或
Maris Piper。

水煮 Jersey Royal、
Maris Bard、Maris Peer，或埃
及或比利時新品種的任一種。

Pink Fir Apple、La Ratte、
Linzer Delikatess 也是好選擇。

薯片 King Edward、
Golden Wonder、Romano 或
Desirée。

馬鈴薯泥 Golden
Wonder、Maris Piper、King
Edward、Wilja、Romano 或
Pentland Dell。

火烤 Pentland Dell、
Golden Wonder、Maris Piper、
King Edward、 Desirée 和
Romano 是火烤味道最好的馬鈴
薯，以質地很粉的最佳。

沙拉 所有小的、專門作
沙拉的馬鈴薯都適合，如 La

Ratte、 Pink Fir Apple、
LinzerDelikatess 或 Finger 馬鈴
薯與新鮮的小馬鈴薯。

嫩煎 任何白色品種的馬
鈴薯，如 Maris Bard、Maris
Peer 或任何嫩煎專用的馬鈴薯
與 Romano、Maris Piper。

採購與保存

應把馬鈴薯儲藏在陰暗、
涼爽、乾燥的地方，若儲放時
暴露在日光下，它會長出有毒
的芽；若放在潮濕的地方則可
能發黴。大量購買馬鈴薯時，
最好放在紙袋裡而不是塑膠
袋，因爲潮濕的環境會使其容

↓　馬鈴薯 Truffe de Chine（左）和 Pink Fir Apple（右）

易腐爛。同樣的，如果你買馬鈴薯時是放在聚乙烯袋子裡，回家後將其拿出來，放到荣籃或紙袋裡，並置於陰暗處。

在適當的條件下，馬鈴薯可以保存幾個月，但營養價值會逐漸降低，新鮮馬鈴薯應該在 2-3 天內食用，若儲存時間過長則會發黴。

處理

馬鈴薯的大部分礦物質和維生素都蘊藏在表皮或表皮下，因此最好連皮食用。新鮮馬鈴薯只需用流動冷水清洗，存放較久的就需擦洗乾淨。

馬鈴薯去皮時，需使用只去掉表皮的削皮器（見下圖），在做沙拉或冷盤時，馬鈴薯可先煮過，冷卻後去皮。

烹調

烘焙 以烤箱低溫烘烤馬鈴薯可使表皮變脆、果肉蓬鬆；用微波爐能烤得更快。要讓果皮更加香脆，可以把它們放在高溫烤箱內 10 分鐘。

水煮 要籠統地說烹調時間是不可能的，因為時間長短取決於馬鈴薯品種。儘量把馬鈴薯均勻切塊（新鮮的馬鈴薯不用切），依個人喜好在水裡加鹽，加蓋以中火烹調。不要把馬鈴薯煮得太爛；不新鮮的馬鈴薯會散開，留下一鍋黏呼呼的漿糊。

薯片 與便利但口味欠佳的薯片相比，家庭自製薯片是一道偶爾給予家人的大餐。但它過於油膩，所以過量或過於頻繁食用將有害健康。

做薯片時，先把馬鈴薯切成大小相同的片狀，炸之前以冷水浸泡 10 分鐘左右，用薄細的棉布或舊餐布瀝乾水分。炸到一半時撈出薯片，待油溫降低再放入薯片，如此能讓薯片變為褐色，且不會吸收過量的油。注意哦，炸薯片的香味會讓你想流口水！

馬鈴薯泥 馬鈴薯煮軟後徹底瀝乾，倒回鍋中，加一點牛奶和奶油，用馬鈴薯搗碎器搗碎（見下圖），加上醬汁、鹽，可視需要放點辣椒。千萬不要使用食品處理器或榨汁機：那樣馬鈴薯會變成無法食用的白色漿糊。搗碎後，可用一把叉子輕輕攪拌馬鈴薯，但不要攪拌過度，因為現代機器在基本用具上沒有什麼改進。

火烤馬鈴薯 烤馬鈴薯的最佳品種是澱粉含量多的馬鈴薯，如 Maris Piper、King Edward。

洗淨後切成均勻的塊狀，以加了少許鹽的水煮到開始變軟，讓外皮看起來也是軟的。用篩子瀝乾水分，倒到鍋裡，加蓋搖晃 2-3 次，就能除去馬鈴薯外皮。

把馬鈴薯放入一盤熱植物油或動物油裡，或肉旁，稍加翻動就能均勻的裹上油，以烤箱烤 40-50 分鐘，直到呈現金黃色。

完成後儘快食用，因為若長時間放在溫暖的烤箱裡，馬鈴薯的外皮會變得難以咀嚼。

嫩煎 煎馬鈴薯的方法很多，但就是沒有一種好的。

炒馬鈴薯片時，先把整顆馬鈴薯煮 5-10 分鐘，直到變軟。水分完全瀝乾後，切成厚厚的圓片。可以用葵花油或混合橄欖油（不要用奶油，因它會燒起來），以一隻大煎鍋裡炸，時而攪動一下，直到全都變成褐色。

亦可以把馬鈴薯切成小方塊，水煮 2 分鐘瀝乾。或把它們放在爐子裡烤，也可以在放了點油的烤箱裡烤，並翻動 1-2 次使其均勻受熱。

蒸 最好選用新鮮馬鈴薯，將其放在蒸鍋裡蒸 15-20 分鐘即可。

歐洲防風草 PARSNIP

關於歐洲防風草，有許多古老的聯想，它們讓人想起寒冷的冬夜，在燃燒的炭火前喝著溫暖的肉湯。現在一年四季都能買到歐洲防風草，但許多人仍覺得它們屬於冬季，並且為湯和燉菜增添風味。

歐洲防風草和胡蘿蔔的關係密切，但是歐洲防風草有明顯的泥土味，適合搭配其他的根類蔬菜，和香料、大蒜一起食用味道更好。

↑　歐洲防風草

歷史

歐洲防風草的歷史悠久，羅馬人種植歐洲防風草用來作肉湯和燉菜，當他們征服高盧和大不列顛後，發現長在北方的根類蔬菜比南方的味道好，他們是第一個宣佈霜降後最應食用歐洲防風草的人！

黑暗時代和中世紀初，歐洲防風草成為一般人的主要澱粉類來源（馬鈴薯還未引進）。歐洲防風草不但容易種植，且在食物貧乏的冬季裡更是受歡迎的食物。它們富含糖分，歐洲防風草製成的果醬和甜點成為英國傳統烹調的一部分，還能製作啤酒和白酒，而有美麗的金黃色澤和雪利酒般濃烈味道的歐洲防風草酒至今仍是最受歡迎的鄉村酒之一。

營養價值

含有適量的維生素 A、C 維生素 B 以及鈣、鐵和鉀。

採購與保存

歐洲防風草是冬季作物，儘管如今一年四季都能買到。傳統上，第一次降霜後的歐洲防風草最好，但也有許多人喜愛初夏時節的鮮嫩歐洲防風草。買歐洲防風草時需選擇小或中的，因為大的歐洲防風草會太老。好的歐洲防風草應該是硬的，顏色為淡象牙色，沒有芽。儲藏在陰涼處，最理想的是通風的食品庫和涼爽的外屋，約可存放 8-10 天。

處理

小的歐洲防風草只需稍稍去皮或根本不用去皮，只需修一下兩端後依食譜烹調。中的和大的歐洲防風草需去皮，且大歐洲防風草還需要去除中心木頭般的核；若在烹調前除去，就能迅速並均勻的煮好。

烹調

在烘烤前，最好先煮過，嫩的歐洲防風草可以整顆烘烤，但大的最好能切成 2-4 塊，放在奶油或油裡，以 200℃ 預熱的烤箱烤 40 分鐘左右。

把歐洲防風草切成 5 公分長片，煮 15-20 分鐘直到變軟。像這樣稍微煮過，其形狀不變，但放進烤盤或燉鍋後更會散開，但不用擔心，歐洲防風草需長時間烹調，其味道才能和其他配料融合。

菊芋 JERUSALEM ARTICHOKE

菊芋和向日葵有些關聯，但是和耶路撒冷沒有任何關係。對這個名字的其中一種解釋是：它們是經過洗禮的青色蛋白石——「耶路撒冷」；因為它們的黃色花朵朝向太陽，所以菊芋的義大利名字是 gira-sole articocco。

這種有節的小塊莖味道很討喜，非常適合做成經典的巴勒斯坦湯；烤或燉熟食用都很鮮美。

歷史

菊芋被認為來自美國中部和加拿大，當地的印第安人自15世紀就開始種植菊芋。然而許多作者間接指出它們是野生的，而使其更受歡迎。

採購與保存

冬季和初春的菊芋最好，菊芋有節，但請儘可能買節最少的，可以最省力。外皮應是淡褐色的，沒有任何黑的或軟的地方。如果把它們存放在陰涼處，則能存放10天。

處理

當菊芋暴露在陽光下，白色果肉會變成紫棕色。因此，在切或去皮後，需以帶酸味的水浸泡（清水中加入約半顆檸檬的汁）。由於菊芋有許多節，故先以酸水煮一下，皮就會很容易脫落。

烹調

菊芋可以用許多種烹調馬鈴薯或歐洲防風草的方法烹調，烤、炒或以奶油炸都很好吃，但要先煮15分鐘直到變軟。做奶油菊芋時，混合等量馬鈴薯能稍微中和其味道，讓油膩的菜吃起來不那麼刺激。

↓ 菊芋

蕪菁和瑞典蕪菁 TURNIP AND SWEDE

蕪菁和瑞典蕪菁都是甘藍家族的成員，而且二者關係密切到名字經常被弄混，如蕪菁在蘇格蘭被叫做瑞典甘藍或瑞典蕪菁，在當地它們被認為是甘藍，還被叫做蘿蔔。

如今許多蔬菜店和超市都出售嫩蕪菁或更好的法國蕪菁（navets），二者都是小而白且帶點綠色，法國蕪菁則是粉紅或紫色。這樣人們就學會區分瑞典蕪菁和蕪菁了，同時也發現蕪菁是多麼美味的蔬菜。

歷史

蕪菁的種植已延續了數世紀，它主要是作為牲畜和人的重要食物。雖然不被認為是珍貴的食品，但窮人家還是將其視為冬季的一道重要菜餚。

直到 1780 年代，瑞典蕪菁被認為是蕪菁，當時瑞典開始向英國外銷蔬菜，因此採用這個略稱。

直到現在，在許多地區，蕪菁和瑞典蕪菁的評價都不是很高，一部分原因是它們被視為牲畜的食物，一部分是因為很少有人願意花費精力找出適當的料理。學校和其他機構多將其煮過後，打成漿。對許多人來說，這就是他們吃這兩種蔬菜的唯一方法。

相對的，法國人對蕪菁較尊重，數世紀以來，他們不斷改進精緻的 navets 食譜，烘烤食用、沾焦糖和奶油食用，或簡單的蒸過沾奶油食用。小而嫩的蕪菁在整個地中海地區流行已久，當地有許多菜是把蕪菁和魚、家禽一起烹調，或與番茄、大蒜、菠菜一同食用。

營養價值

蕪菁和瑞典蕪菁都富含鈣和鉀。

↓ Navets 與蕪菁

種類

navets 是種小而圓，南瓜形狀的蕪菁，顏色為粉紅或紫色。在春季的蔬菜店或超市越來越能看見它。但法國人更喜愛的是長長的、胡蘿蔔狀的 vertus。英國蕪菁通常大一點，而且多為綠色和白色。

這兩種蕪菁都有顯著的辛辣味，但 navets 較甜。

一般而言，瑞典蕪菁比蕪菁更紮實豐滿，而且最大的優點是味道爽口。Merrick 是一種有黃色果肉的蕪菁，具有瑞典蕪菁的獨特味道。Merrick 是一種白色果肉的蕪菁，水分更多，味道與蕪菁相似。

採購與保存

蕪菁 盡量購買 navets，若買不到，就買最小和最嫩的蕪菁。應選堅實、光滑，有新鮮的綠蒂，並儲藏在陰涼乾燥的地方。

瑞典蕪菁 和蕪菁不同的是，瑞典蕪菁較大一些。儘管如此，還是盡可能選擇較小、表皮光滑、沒有損傷的，因為大的蕪菁較硬，纖維也多，儲藏方法同蕪菁。

↓ 瑞典蕪菁

處理和烹調

蕪菁 嫩蕪菁不用去皮，簡單修處理燉或蒸到軟。切成薄片或拌沙拉生食也很可口。

老的蕪菁需去皮（見下圖），烹調前先切片或切丁。記住蕪菁是甘藍菜家族的成員，若煮過頭會有難聞的氣味。若做成蔬菜料理，要先燙過蕪菁，或在湯和火鍋裡加入少量，如此就能分散臭味。

瑞典蕪菁 處理的方式是先削皮，再切成大塊（見下圖）。若烹煮時間太長，瑞典蕪菁會散開；煮得不夠則會有種生的味道。唯一的辦法是在烹調時經常檢查。瑞典蕪菁和其他根莖類蔬菜一起煮湯或跟肉類一起烹煮時味道最好，能為湯增添鮮美、淡淡的堅果味。

胡蘿蔔 CARROT

胡蘿蔔絕對是馬鈴薯以外，我們最熟悉和最喜愛的根類蔬菜，在蔬菜只能當配角的日子裡，胡蘿蔔總是被煮得過爛，但還是被吃光了，因為我們知道它們能幫助我們在黑暗中看得清楚。

胡蘿蔔的口味取決於烹調法，以奶油和少許水燉過的嫩胡蘿蔔味道濃甜。而蒸過的胡蘿蔔柔軟，入口即化，拌沙拉的胡蘿蔔清新爽口；和肉湯一同煮的，則香氣四溢，具有獨特的胡蘿蔔風味。煮湯的胡蘿蔔味道清香且清淡；更難以在蛋糕裡發現它們的味道，儘管其甘甜能讓蛋糕的味道更好。

歷史

直到中世紀，胡蘿蔔都是紫色的，橘黃色的胡蘿蔔來自荷蘭，荷蘭是17、8世紀出口胡蘿蔔的地方。雖然法國人還在食用紫色和白色的胡蘿蔔，但如今已很少見了。

營養價值

胡蘿蔔含有大量的胡蘿蔔素，維生素A、維生素B3、C和E。生吃，能提供大量的鉀、鈣、鐵和鋅，煮過後，這些礦物質就會減少了。

胡蘿蔔有益於夜間視力的概念，是起源於第二次世界大戰。1939年，英國南部和東部海岸建立了早期的雷達站，用來偵察空中和海上的入侵者。德國人把這種突然的夜間視力歸結於英國人有食用胡蘿蔔的習慣。實際上，胡蘿蔔裡含有維生素A可強化視網膜，缺乏則易導致夜盲。

採購與保存

自己種植的胡蘿蔔比商店賣的味道鮮美。幾乎所有有機種植的蔬菜味道都較好，而這一準則尤其適用於胡蘿蔔。

購買胡蘿蔔時，需選像鉛筆般細的嫩胡蘿蔔，這樣的胡蘿蔔不論是生食還是蒸幾分鐘

↑　胡蘿蔔

處理

準備工作取決於胡蘿蔔的鮮嫩度，因寶貴的營養都存在於表皮或皮下，嫩胡蘿蔔，只需以流動冷水沖洗，中型的胡蘿蔔可能需要削皮，大型的則絕對需要去皮。

烹調

胡蘿蔔煮過或生食的味道都很棒，孩子多喜歡生食，因其味道甘甜。可以切成條狀，加上一點醬汁或拌沙拉和涼拌包心菜，如此其流出的汁液會和醬汁融合，滋味非常美妙。胡蘿蔔可以用你選擇的任何方式烹調。作為配菜，可以切成絲狀，放到奶油和蘋果酒裡燉，或以少量的湯汁煮，再加入奶油和一把葛縷子籽。

烤胡蘿蔔有種融化在嘴裡的甘甜。大型的胡蘿蔔需先煮過，但嫩胡蘿蔔就可快速沖洗後，直接與肉一同烹煮。

後吃都非常柔軟。通常嫩胡蘿蔔會連蒂出售，其蒂應是鮮綠色。老一點的胡蘿蔔應該挑堅實沒有損傷的，別買枯萎的胡蘿蔔，因其營養價值很低。

胡蘿蔔不應長時間儲存，若放在陰涼通風處或冰箱的蔬菜冷藏抽屜裡則能保存幾天。

辣根 Horseradish

辣根以其辛辣的根而聞名，它的根通常和奶油或植物油與醋一起烹煮，再和烤牛肉一起食用。春季在許多超市都能買到新鮮的辣根，你可以自己製作辣根醬，只需去掉辣根皮，將45ml的辣根泥和150ml打發鮮奶油混合，再加上一點法式第戎芥末、醋和白糖調味。它和熱牛肉或冷牛肉一起吃味道都很好，辣根還可以和煙燻鮭魚或鯖魚一起食用，還可以在三明治上抹上薄薄一層，味道很不錯。

↑　辣根

甜菜 Beetroot

醋漬甜菜曾讓許多人對甜菜望而卻步，但愛吃甜菜的人都知道如何買到新鮮的甜菜。甜菜可以用許多不同的方式烹調：烤或和酸奶油一起食用或以奶油燉，還可以拌沙拉或用於經典的羅宋湯。

歷史

甜菜和糖用甜菜與飼料甜菜密切相關，因幾世紀以來對糖的需求不斷擴大，當可以成功地從甜菜提煉糖分時，製糖業便成為英國和歐洲的大工業。在歐洲和英國，饑荒時期人們也吃飼料甜菜，儘管它們主要是作為牲畜飼料。

然而，食用甜菜的習慣很可能是從羅馬時期開始。到 19 世紀中，它顯然成為普遍的作物。比頓夫人在她著名的食譜書裡記載了 11 種食譜，包括甜菜胡蘿蔔果醬和甜菜丁。

營養價值

甜菜含有豐富的鉀，它那有著菠菜味道的葉子含有很高的維生素 A、鐵以及鈣質。

採購與保存

儘量購買鬚根完好的小個頭甜菜，頂部至少需有 5 公分的莖；如果擺放過密，烹調時會流出汁液。可在陰涼處存放幾週。

處理

甜菜整顆烹調時，需先以流動冷水沖洗，切到莖的 2.5 公分處以上，不要切塊或去皮，否則會流出深紅色的汁液。當做沙拉冷食或食譜需要剁碎或絞碎甜菜時，要以馬鈴薯削皮器或利刃去皮。

烹調

以烤箱烤時，要先將洗淨的甜菜放到有蓋烤盤裡，加入 60-75ml 的水，加蓋以低溫烘烤 2-3 小時，直到變軟。需時常檢查水是否收乾以及甜菜的熟度。當表皮變皺即是煮熟。而且較容易用手指剝落，你也可以用雙層鋁箔紙包裹甜菜，烹調法同上。燉煮時，準備方法同上，慢燉 1.5 小時。

甜菜葉 Beet Greens

有些根類蔬菜的葉片不但能吃而且營養價值也很高，尤其是甜菜葉，它含有大量的維生素 A、C，其蘊含的鐵和鈣比菠菜還多。它們很可口，不過除非你自己栽種否則很難買到。如果你能拿到甜菜葉，建議你把這些葉菜煮幾分鐘後完全瀝乾，沾奶油或橄欖油食用味道都很棒。

← 甜菜

蒜葉婆羅門參和黑皮波羅門參（牛蒡） Salsify and Scorzonera

這兩種蔬菜的關係密切，和其他同一家族的蔬菜，如西洋蒲公英和萵苣的關係也很密切，其尖端都有細細的鬚根。

黑皮波羅門參有著白色或淺褐色表皮，而蒜葉婆羅門參，卻長著黑色的表皮，它們的果肉都是淡乳白色的，吃起來的味道與朝鮮薊和竹筍非常相似。據說蒜葉婆羅門參的味道更好，被比作牡蠣（有時它被稱作牡蠣草）儘管許多人沒有察覺這一事實。

蒜葉婆羅門參和黑皮波羅門參都是別緻可口的配菜，可以拌著奶油食用，也可用奶油油炸食用，也能用來煮湯。

歷史

蒜葉婆羅門參原本是地中海地區的產物，但現在歐洲大部分地區和北美都有種植。而黑皮波羅門參是南歐的作物。

這兩種植物都被歸為草類，像許多野生植物和藥草般，都有跟其藥效相關的歷史記載。連同葉子和花，都曾被用來治療燙傷、胃口不佳和各種肝臟病症。

↓　蒜葉婆羅門參

← 黑皮波羅門參

採購與保存

需挑選摸起來堅實看起來光滑，而且儘量買頂部有蒂，看來是新鮮的。蒜葉婆羅門參可以在陰涼處存放數天。

處理

清洗和去皮是很麻煩的，需以流動的冷水擦洗，烹調後去皮或用鋒利不銹鋼刀削皮（見下圖）。由於果肉會很快變色，需把削好的蒜葉婆羅門參或黑皮波羅門參放入事先加了檸檬汁的水裡。

烹調

切成短條，慢煮 20-30 分鐘直到變軟，把水瀝乾和奶油一起炒，或就著檸檬汁、融化奶油和巴西利末一起食用。

另外，它們也能用來煮濃湯或做成泥，可以把煮好的蒜葉婆羅門參和黑皮波羅門參加上芥末和蒜味香料，和簡單的沙拉一起食用。

外來植物

全世界的熱帶地區皆生長著各式的塊莖植物，可做出各種菜餚。在此，僅列舉山藥、甘薯、木薯、芋頭等被許多人視為主食的蔬菜，不只作為蔬菜，還有被研磨或搗爛後做成麵包和蛋糕。這些熱帶和亞熱帶的塊莖種類繁多，雖然無法在溫帶生長，但在專門店和超市裡都能買到一些常見的塊莖植物。

甘薯 Sweet Potato

甘薯也屬於讓人難忘的蔬菜，正如其名，甘薯是甜的而且帶有淡淡香味。正這種濃重的香甜而成為許多風味菜的配菜，它們還適合搭配需要甜味的肉料理，如火雞和豬肉。

↓ 甘薯

歷史

甘薯源於熱帶美洲，如今世界所有熱帶地區均有種植。在印加文明前，南美洲就已種植甘薯；甘薯是最早被引進西班牙的薯類。在亞洲種植甘薯的歷史也很長，14世紀還從西里尼西亞傳到紐西蘭。

甘薯是加勒比海地區和美國南部的主食，許多名菜都使用甘薯料理，如感恩節有食用甜甘薯和火腿或火雞的傳統。盛產甘薯的牙買加和西印度群島，則有最簡單的烤甘薯和加勒比布丁等各種特色料理，後者是一種用甘薯、椰子、檸檬和肉桂做成的典型甜辣料理。

甘薯傳到英國的時間比其他薯類早，據傳亨利八世非常喜歡烤甘薯派並認為它可以改善愛情生活！可知16世紀早期或中期亨利八世所食用的甘薯，可能是從西班牙取得。因為哥倫布的地理大發現，西班牙人忙於征服新大陸，所以品嘗到各種的熱帶蔬果。

種類

表皮的顏色從白色、粉紅到紅棕色不等，紅色表皮與白色果肉的甘薯是非洲和加勒比食物中最常見的品種。

採購與保存

需選小型和中型的甘薯，因大型的纖維較多。要選擇堅實、形狀勻稱的，而不是枯萎、腐爛有洞或發芽的甘薯。它可以在陰涼處存放數天。

處理和烹調

如欲烘烤則將甘薯擦淨，以一般薯類的烹調法烹煮。若欲水煮則需先煮過再去皮，或去皮後以酸水浸泡（可事先在水中加入檸檬汁），可防止其變成褐色，同理可證，也很適合以酸水烹煮。可以用一般薯類的烹調法烹調，如烤、煮、搗泥和烘烤。

但切勿用於奶油焗烤料理，因甘薯的味道太甜、太香。

最好是把它們和洋蔥與其他香料一起烤或炒，可使其香

味充分釋放。還可搗碎後以美式料理的方法食用，與雞塊製成香脆的雞肉派。

山藥 YAM

幾千年來，山藥一直是許多地方農業的主要作物。現在它們有形態各異、大小不同、顏色有別，數不清的品種，並且被不同的人賦予不同的名字。一般認為山藥源自中國，儘管它們在早期就傳到非洲並成為當地的主食，而且在熱帶和亞熱帶地區容易種植，包含所有主食該有的碳水化合物。

儘管 cush-cush 或 Indian yam 是美洲本土作物，但多數山藥會傳到新大陸，卻是 16 世紀奴隸販賣的結果。由於這種蔬菜長期存在，已有無數的烹調法。但許多方法並未出版，不過僅母女間的口耳相傳，就已使其出現在全球熱帶地區的餐桌上。

種類

大山藥正如其名可以長得很大，最重的紀錄是 62 公斤。在商店裡可購得的是像葫蘆大小的山藥，雖然也買到像如甜山藥的小山藥，但其外表就像覆蓋根鬚的大馬鈴薯。所有的山藥都有著粗糙的褐色外皮，果肉則是白色或紅色。

在中國的商店裡可以買到更長像棒形且覆蓋著根鬚的中國山藥。

採購

要挑選外皮沒有損傷的山藥，果肉應是乳狀濕潤的。蔬菜店老闆可能會把它們切開，讓你檢查它是否新鮮。山藥可以在陰涼處存放幾個星期。

處理

削去外皮、表皮和表皮有毒的薯蕷鹼。這種成份會在烹調時被破壞，但仍要小心地處理外皮。將去皮山藥放在鹽水中，因為它們很容易變色。

烹調

如馬鈴薯般，山藥被視為主要的澱粉來源，可以煮、搗泥、炒或烤。它們適合與香料一起食用，切塊後灑上鹽和辣椒粉也很好吃。非洲廚師經常將煮好的山藥搗碎，做成小團，和辣燉菜與湯一起食用。

芋頭 TARO ／ EDDO

像山藥一樣，芋頭是熱帶地區另一種重要的塊莖作物。幾千年來，它都是許多人的主食，它有許多不同的名字；在中美洲、整個非洲和加勒比海地區叫做芋根或芋。

芋頭分兩種：大的桶狀塊莖小的芋根。它們都是深紅褐色，表面粗糙，像是甜菜和瑞典蕪菁的綜合體。

雖然看來很相似，芋頭與山藥屬於完全不同的家族，味道和口感也有顯著區別。煮的芋頭有種像腰果特有的味道。

↓ 山藥

採購與保存

儘量購買小芋頭，真正小的芋頭是長在大芋頭上，芋頭在陰暗涼爽處可存放幾週。

處理

芋頭的表皮很容易去除。不過和山藥一樣都含有毒物質，會導致過敏反應。因此需戴橡膠手套削掉厚厚一層表皮，或將其煮過，即可去除毒素。

烹調

芋頭的優點是會在烹調過程中吸收大量水分，因此適合與番茄等其他蔬菜一同烹煮，也非常適合煮湯和燉菜，跟馬鈴薯一樣，芋頭能為湯增加分量和風味，還可以蒸、煮、炸或切塊做成濃湯，但務必趁熱食用，因為涼了後會變糊。

芋頭葉 CALLALOO

生芋頭葉有毒，但亞洲和加勒比海國家卻將其用於飲食中。加勒比名菜 Callaloo 的做法：將其完全煮熟後，用來包肉和蔬菜，或切絲後和豬肉、培根、螃蟹、對蝦、秋葵、紅辣椒、洋蔥與大蒜一起烹調，再加上檸檬和椰奶即可。

墨西哥馬鈴薯 JIKAMA

這種大型根類蔬菜最早源於中美洲，有著薄薄的棕色外皮，甜中帶堅果味的白色果肉。可烹調馬鈴薯，也可切片後製成沙拉生食。

採購與保存

需選觸感堅實的墨西哥馬鈴薯，好的墨西哥馬鈴薯用塑膠袋包裝，則可以在冰箱存放兩週。

↑ 芋頭
↓ 墨西哥馬鈴薯

↓ 芋頭葉

木薯 CASSAVA

是西印度群島常見的根莖類作物，常用於加勒比海料理。木薯源於巴西，令人驚奇的是它通過非洲傳到西印度群島，並成為普遍的蔬菜。

在西印度群島它被叫做木薯，在巴西則稱為樹薯或 mandioc，而在南美其他地區則被叫做 juca 或 yucca。

木薯在南美洲被用來做成木薯粉，或用木薯汁液做成醬或飲料。

然而，在非洲和西印度群島它則是被當作蔬菜食用，可以煮、烤、炸或煮熟後搗碎做成團，叫做 fufu。是一種很香的非洲傳統布丁。

↑ 木薯

薑和高良薑 GINGER AND GALANGAL

薑 GINGER

可說是世界上最重要也最常見的香料，它可結合各種不同的風味料理，如中國、印度和加勒比料理，這還只是其中幾個。歐洲早在羅馬時期就有薑，但直到 16、7 世紀香料開始貿易前，薑還是很罕見。和許多香料一樣，薑能增強或補充甜味和香氣，替菜餚增添香辣味。但是，薑用於烘烤料理的味道最好，而用於甜食的醃漬薑滋味最美妙，不過記住務必選用新鮮的薑。

新鮮的薑隨時都能在超市裡買到，但每次只需少量購買，因你不需要大量的薑，而且鮮薑也無法長期保存。

高良薑 GREATER GALANGAL

除了根莖較細，芽是亮粉色外，高良薑和薑幾乎一樣。這種根類蔬菜的用法和薑一樣，能用於咖哩和沙嗲醬。

↓ 薑　　↓ 高良薑

葉菜類

菠菜

抱子甘藍

花椰菜

嫩莖花椰菜和青花菜

蕪菁葉

甘藍菜

羽衣甘藍和卷葉羽衣甘藍

花園與野外的可食用植物

中國的青菜

結球甘藍（大頭菜）

瑞士甜菜

菠菜 Spinach

對許多人來說，提起菠菜就會想到每天食用大量菠菜的大力水手。菠菜是種「多才多藝」的蔬菜，在各地都很受歡迎，因為各地烹調菠菜的方法都很多樣。但義大利人似乎特別偏愛菠菜，他們有幾百道料理都用到菠菜。而 la florentine 意指含有菠菜的菜餚。

菠菜和奶製品一起食用非常美味，在中東地區，菠菜多與費他乳酪或 helim 乳酪製成派。義大利人把菠菜和瑞可它乳酪或巴馬乾酪混合製成各色菜餚，英國人則用雞蛋或切達乳酪製成菠菜舒芙蕾。

歷史

幾千年前的波斯首先種植菠菜，它透過阿拉伯國家傳到歐洲，摩爾人引進到西班牙，中東地區的阿拉伯人也把它帶到希臘。14 世紀時菠菜可能是透過西班牙，首次出現在英國，並現在已知的第一本烹飪書中，在此書中菠菜被叫做 spynoches，就是西班牙語中的 espinacas。也許是因為菠菜生長期短，容易種植且容易烹調，所以迅速地成為受歡迎的蔬菜。

營養價值

生菠菜富含維生素 C、A、B、鈣、鉀和鐵。早期認為菠菜產生的鐵比實際多，但

烹煮後的菠菜，其鐵質和草酸結和，使得人體只能少部分吸收。即使如此，菠菜不管是烹煮或生食都非常有營養。

採購與保存

菠菜全年都能生長，所以能輕易買到新鮮菠菜。冷凍菠菜並不是好的替代品，因為它們比較無味。

菠菜葉應是綠色且新鮮的，切勿購買看來枯萎莖幹鬆垂的。菠菜會在烹煮的過程中大幅度縮水，兩人約需食用

450 克菠菜。若放置在冰箱的蔬菜冷藏抽屜約可保存 1-2 天。

處理

以冷水洗淨菠菜並去掉粗糙纖維和粗的莖。

烹調

菠菜葉放入大鍋中加熱，加些鹽後加蓋讓菠菜在水中烹煮，且不時搖晃鍋子以免菠菜黏鍋，待 4-6 分鐘後，菠菜會減少成原來的 1/8 量。用湯匙背面按住菠菜以排去水分。

菠菜能用許多方法烹煮，可切碎後和奶油一起食用，或和其他的春季蔬菜，如小胡蘿蔔或嫩蠶豆一起食用。若要做義式煎蛋，則需仔細切碎菠菜，和少許巴馬乾酪攪拌，視需要在煎之前加鹽、胡椒和一點奶油。菠菜可用來做醬汁或濃湯，與切碎的培根和油煎過的小麵包一起食用。新鮮的菠菜沙拉也很可口，因為葉子的味道清脆不會令人難以忍受。

↓ 菠菜

抱子甘藍 Brussels Sprout

抱子甘藍有種堅果味，和甘藍菜不同，雖然這兩種蔬菜很像。傳統上，在耶誕節和栗子一起食用，因為它們和甜味的堅果一起食用會很對味，如果和杏仁或菠菜一起食用，會比和榛子或核桃的效果好。

歷史

中世紀的佛蘭德地區（現在的比利時）就有種植抱子甘藍。基本上，它們是從硬梗上長出一排小球狀的蔬菜。德國人把抱子甘藍稱玫瑰甘藍（rosekohl），因為它們看來像玫瑰花苞，所以有這個美麗且具象的名字。

採購與保存

購買新鮮的抱子甘藍，因為老的抱子甘藍會有濃郁又難吃的「甘藍菜」味道。它們應是小巧、堅硬且葉子包裹緊密，切勿購買那些葉子泛黃或棕色且鬆散的抱子甘藍。

抱子甘藍在涼爽的地方能保存好幾天，可放在貯藏室或冰箱的蔬菜冷藏抽屜，但最好是需要時才買。

處理

切掉抱子甘藍莖的底部並去掉外部的葉子，可以不必把底部的莖全部切掉。如果買到較大的抱子甘藍，就切成兩半或四半，或仔細切絲翻炒。

烹調

煮法和甘藍菜一樣，簡單烹煮或用文火燉均可。在沸水中煮 3 分鐘直到變軟。若要炒抱子甘藍，則切成 3-4 片，以少許油和奶油煎炒，和洋蔥、薑一起食用也很美味。

↓ 抱子甘藍

花椰菜 Cauliflower

花椰菜屬甘藍菜家族，和所有甘藍菜一樣，花椰菜不能煮過頭。適當烹煮的花椰菜有種新鮮又可口的味道，但若煮過頭就會變成軟軟的灰色，還有令人討厭的餘味。孩子們多喜愛生花椰菜，雖然他們無法將其聯想到學校供應的蔬菜。

歷史

一般認定，花椰菜原產於中國，傳到中東後，在 12 世紀時由摩爾人引進西班牙，又經貿易傳到英國。早期的花椰菜約網球般大，但是在種植的過程中會慢慢變大，有趣的是，現在卻非常流行小花椰菜。

種類

商店就能買到綠色或紫色花椰菜，紫色品種原產於薩丁尼亞島和義大利，但現已被廣泛流傳於其他地區，它們的外表漂亮又特別，其實和白色的花椰菜一樣。

Romanescoes　這種小巧的白色蔬菜介於嫩莖花椰菜和花椰菜之間，但和花椰菜的關係更密切。它們的味道就像花椰菜，但因為小，所以不要煮過頭，才能保留最好的味道。

Broccoflower　這種介於嫩莖花椰菜和花椰菜之間的蔬菜，很像淡綠色的花椰菜，

↑　嫩花椰菜

吃起來口感溫和，可以用料理花椰菜的方式烹調。

營養價值

含豐富的鉀、鐵和鋅，烹煮時含量會減少，但仍是含有豐富的維生素 A 和 C 的蔬菜。

採購與保存

　　最好的花椰菜是奶油色，外部葉子捲曲與周圍花蕾，應是無瑕疵沒有黑點。葉子應新鮮而清脆。花椰菜可於涼爽處保存 1-2 天，之後便會開始腐爛、營養流失。

處理

　　花椰菜若要整顆煮，必需先去掉底部粗糙的葉子（可以保留裡面的葉子）。大的花椰菜最好切成兩半或掰成小瓣，有些人會把莖去掉，有些人則較偏愛這一部分，所以通常只切去花椰菜底部堅硬的莖。

烹調

　　花椰菜最適合蒸，不論整顆或掰成小瓣，放入蒸鍋或在鍋中加水，放上架子再放上花椰菜，加蓋蒸到變軟即可離火。若是掰成小瓣則能以橄欖油或奶油煎至呈棕色即可。或在烹煮 10 分鐘後測試一下。花椰菜是非常受歡迎的配菜，適合與奶油或番茄與乳酪醬一起食用。若和洋蔥、大蒜一起翻炒，加上一點番茄和續隨子也很美味。也很適合做成蔬菜沙拉，可生食或用開水燙煮 1-2 分鐘，再以流動冷水冷卻。

　　Romanescoes 和小花椰菜可以整顆蒸或水煮，以最少水加蓋煮 4-5 分鐘變軟即可。

↑　Romanescaes（介於嫩莖花椰菜與花椰菜之間的品種）
↓　綠色花椰菜

嫩莖花椰菜和青花菜 <small>Sprouting Broccoli and Calabrese</small>

嫩莖花椰菜或青花菜是現代的蔬菜，也是最受歡迎的蔬菜之一，處理法既簡單又省時且不浪費，也很易煮，不管生食或熟食後都很美味，而且可依需要選擇購買量。

歷史

在青花菜出現前，人們都食用紫色的嫩莖花椰菜。它們的芽較長尾部的花簇較乾淨整潔，嫩莖花椰菜的紫色莖有點蘆筍的味道。

羅馬人以葡萄酒料理紫色花椰菜，或沾醬食用，在今日的義大利仍算是很流行的蔬菜，鯷魚洋蔥一起以烤箱烤，或加入大蒜、番茄醬和義大利麵一起食用。

↑　紫色花椰菜

種類

青花菜　這種植物外形很漂亮，藍綠色的花蕾在鮮美多汁的莖上面。其名字源於義大利的卡拉布里亞，因為那是它們的原產地。

紫色嫩莖花椰菜　這種原始的品種莖又長又細，花蕾較小而且是紫色的，但也有白色的。花蕾莖與較軟的葉子都能食用。紫色的花蕾在烹煮過程會變綠，但其他部分仍會維持原色。比起常見的青花菜，紫色嫩莖花椰菜的季節性較強，通常在深冬前才能買到。

採購與保存

如果條件允許，盡量不要購買花蕾鬆散的花椰菜，因為花蕾鬆散的花椰菜較老，務必檢查是否新鮮，而且包裝的花椰菜也比較容易腐爛。

↓　紫色嫩莖花椰菜

如購買已事先包裝好的紫色花椰菜，要檢查莖、花蕾葉子看起來是否新鮮，最好買花蕾看來緊密鮮綠，是它們都不能長時間保存。

處理和烹調

切去根部，並摘除褪色的葉子。

青花菜 分成一樣的大小，若莖和花蕾過厚則縱切成兩半。在微滾的沸水中煮 4-5 分鐘變軟即可，瀝乾水分。青花菜不能蒸，因它的亮綠色會變成灰色。

紫色花椰菜 切成一樣大小後以蒸鍋蒸，若有蘆筍鍋則可以像煮蘆筍那樣烹煮。或是把莖捆在一起，泡在水中視需要可加入一顆馬鈴薯或以鋁箔紙包起，蓋上鋁箔紙後蒸 4-5 分鐘直到變軟。

↑　青花菜

食用

兩種花椰菜都能沾奶油和萊姆汁食用，或沾荷蘭酸味蘸醬，或法式伯那西醬汁一起食用，都很可口。

蕪菁葉 Turnip Tops

蕪菁葉就像甜菜葉般既美味又營養，但並不十分常見，如果可以買到或是自己種植，可以將蕪菁葉切段（見下圖）後煮或蒸幾分鐘，瀝乾水分後和奶油一起食用。

← 蕪菁葉

甘藍菜 Cabbage

甘藍菜切片烹煮後只會有
兩種結果：口感輕脆，味道清
淡美味；或是煮過頭導致難以
下嚥。甘藍菜和其他的包心菜
均含硫化氫，這種化學物質在
蔬菜變軟時，會開始作用發
揮，令甘藍菜有難聞的味道。
所以若不簡單的料理就需慢慢
地燉煮。

歷史

甘藍菜有悠久而豐富的歷
史，因此甘藍菜的種類很多。
所以難以確定希臘和羅馬的品
種爲何。

今日我們所熟知的甘藍菜
是歐洲黑暗時期非常重要的食
物。尤其中世紀時期，若你熟
知當時的繪畫就會發現餐桌或
市場的籃子裡常有水果和蔬
菜，以及不同形狀和大小的甘
藍菜。

中世紀的食譜建議將甘藍
菜和青蒜、洋蔥和香草一起
煮。在當時，只有富人才有能
力食用各種蔬菜，因此可以斷
定直到近代甘藍菜才被普遍用
於長時間的燉煮。

種類

皺葉甘藍 這種綠色甘藍
菜葉呈波浪形或捲曲，味道溫
和口感特別柔軟，比起其他蔬
菜來說，它們所需的烹煮時間
較短。

↑ 皺葉甘藍

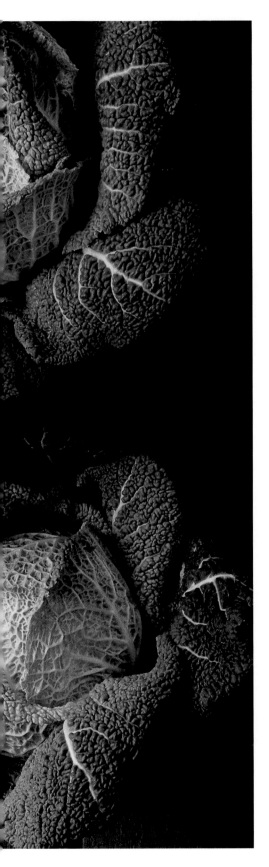

↑↓　高麗菜

高麗菜　其包葉較鬆散，中心是黃綠色。在春天成熟，切片煮過後和奶油一起食用就很美味。春天的高麗菜是深綠色的，菜心較小，是很好的甘藍菜品種，隨著季的轉變，春天過後成熟的甘藍菜，堅硬呈淡綠色，比春天成熟的甘藍菜硬，所以需要長時間烹煮。

紫色高麗菜　這種顏色美麗的甘藍菜，葉子光滑堅硬，除非在水中加一點醋，否則顏色會在烹調過程中消退，可用香料和醬汁做成泡菜。

白色甘藍菜　有時也叫做荷蘭甘藍菜，其葉光滑堅硬呈淡綠色，整個冬天都能買到，不論生食或熟食都很美味。可切片煮或蒸，或切片做成涼拌甘藍菜。

採購與保存

好的甘藍菜應很新鮮、沒有污點，不要購買葉子枯萎或感覺蓬鬆的。皺葉甘藍和高麗菜能在涼爽處存放幾天，較硬的甘藍菜則能夠保存更久。

處理

去掉外部的葉子，視需要切開，去莖後依食譜和口味切塊或切碎。

烹調

把綠色或白色的甘藍菜切碎後放入鍋中，加入一點奶油和兩大匙水，加蓋中火煮到葉子變軟，過程需不時搖動。

紫色高麗菜通常用油或奶油嫩煎，可加入蘋果、葡萄乾、洋蔥、醋、葡萄酒、糖以及香料，以文火慢燉 1.5 小時就很好吃。

↑　白色甘藍菜　↓　紫色高麗菜

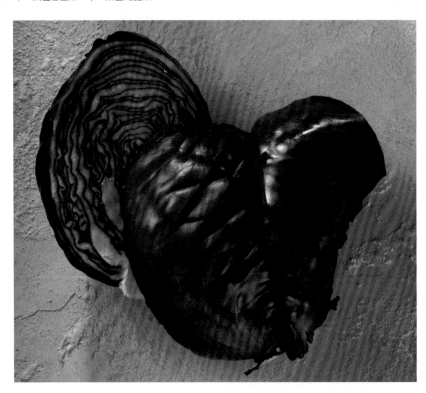

羽衣甘藍和卷葉羽衣甘藍 Kale and Curly Kale

羽衣甘藍是許多綠色葉菜的總稱，羽衣甘藍的莖部非常粗壯、厚實，並且有發達的綠葉，因此不是圓形的。人們食用的羽衣甘藍葉子都是捲曲的，還有些羽衣甘藍的葉子巨大而粗糙，通常作為牛羊等家畜的飼料。

歷史

羽衣甘藍被認為是最早大面積種植的甘藍菜，其祖先海甘藍屬植物（亦稱甘藍菜屬）至今還生長在西歐海岸線。

↑ 卷葉羽衣甘藍

種類

芥蘭 芥蘭在美國南部非常受歡迎，種植於夏秋並於春天收穫。芥蘭是一種富含維生素A的蔬菜。

卷葉羽衣甘藍 卷葉羽衣甘藍的葉子有波紋且呈捲曲狀。雖然一般人認為它較不易購得，但其實它是最常見的一種甘藍菜。若非常喜歡食用卷葉羽衣甘藍，又沒有種植，可在早春時到農場碰碰運氣。

紫色或銀色羽衣甘藍 這是一種用於裝飾或觀賞的甘藍，人們種植這種甘藍幾乎純粹為觀賞和展示。

處理與烹調

羽衣甘藍是甘藍菜屬中味道最強烈的，簡單地煮過，佐以溫和的馬鈴薯是再適合不過。處理時只需從莖上剝下葉子並切去甘藍莖，再將甘藍葉片切絲或直接烹煮。將甘藍葉以淡鹽水燙3-5分鐘直到變嫩。由於羽衣甘藍的葉子大而旺盛，烹煮時經常使用辣且味道較重的調味料，因此羽衣甘藍在印度料理中很受歡迎。

← 芥蘭

花園與野外的可食用植物

葡萄葉 Vine Leaves

所有嫩葡萄葉都可食用，是包裹肉類或其他蔬菜的極佳材料。世界上許多生產葡萄酒的國家，其料理中都有葡萄葉，最知名的可能就是在希臘和中東地區普遍被食用的葡萄葉米捲。而在法國、西班牙和義大利，有些菜就是用葡萄葉裹一點小的鳥禽肉食用，如鵪鶉或鶇。

葡萄葉有淡淡檸檬或甘藍菜味，很容易在葡萄葉米捲中嚐出這種味道，這些葉子在使用前需簡單加工，之後才會變得容易彎曲，而不會在包裹食物時折斷，把葉子以文火煮約1分鐘後，若不立即食用則需瀝乾水分單獨保存。

西洋蒲公英 Dandelion

許多小孩會把西洋蒲公英摘回來餵養小兔子或天竺鼠，當這些小孩看著小動物狼吞虎嚥吃著西洋蒲公英時，也許會想到這令園丁煩惱的西洋蒲公英，也有它們的用處。當然有些園丁非常偏愛西洋蒲公英，他們會仔細的種植西洋蒲公英，並用新鮮軟嫩的葉子做沙拉。在法國，經常可以在市場上看到西洋蒲公英。

翻閱任何一本關於草本植物藥材的書，你都會在裡面發現西洋蒲公英。西洋蒲公英以其利尿功效著名，它們在法語中被稱作 pissenlits，也就是 piss a bed（英文小解的意思）剛好與其功效吻合。雖然可以在田野任意採摘西洋蒲公英，但你若是真的很喜歡西洋蒲公

↑　西洋蒲公英

英，還是建議您自己種植或去買家庭種植的西洋蒲公英，因為種植的西洋蒲公英更多汁且不澀。若你還是執意要野外採摘，那麼建議你去遠離公路的田野裡採，並且在採摘後仔細洗淨。你可以在家製做西洋蒲公英葉沙拉，首先在西洋蒲公英葉上淋些醋油醬，再放上切好的鹹豬肉或培根。

酸模　→
↓　新鮮的葡萄葉

酸模 SORREL

　　即使在熱愛酸模的法國也不常見到酸模販售，酸模多生長於涼爽的野外，也可自行種植酸模。把鮮嫩的酸模用於沙拉，或在年末酸模葉變老時加入魚湯中都很美味。酸模有些檸檬味，清新爽口，通常與雞蛋和奶油一同烹煮。

藜菜和灰藜（山芹菜）

GOOD KING HENRY AND FAT HEN

　　都是藜屬植物家族的成員，在都鐸王朝統治時期非常流行的綠色蔬菜，如今，藜菜已經消失不見了，而灰藜則像野草一樣生長。取代它們的是菠菜，據說菠菜和它們的口感很像，但事實上灰藜的口感可能更為柔和。

藜菜　→
↓　灰藜（山芹菜）

白藜 ORACHE

　　白藜有漂亮的紅色或金色葉子，雖然白藜和菠菜並無關係，但是人們還是稱它為高山菠菜，其葉子也可以如菠菜般料理和食用。

蕁麻 NETTLE

　　山野菜狂熱者對於能把蕁麻當作食物非常的興奮，這也許是因為蕁麻產量大且免費，也許是因為這些狂熱者喜好食用一些大多數人都設法避開的東西。當然，煮過的蕁麻其異味完全消失。蕁麻應在長成時採摘，是很好的煮湯食材。

中國的青菜

中國的許多綠色蔬菜都是甘藍菜屬植物，若去較受歡迎的大型中國超市，你會對那裡出售的綠色蔬菜數量之多感到非常驚訝。如果你知道某些蔬菜的英文名字，那只能說是碰巧，因為可能連老闆也不知道所有蔬菜的英文名字。

芥菜 CHINESE MUSTARD GREENS

千萬不要錯過芥菜，因為它們的口感非常不錯，這種植物是甘藍菜家族的一員。在歐洲，人們也種植芥菜，但是卻只收穫它的種子；在亞洲和印度有很長的芥菜種植歷史，因為芥菜籽可榨油，但是中國人也採收芥菜葉。芥菜葉呈深綠色且稍有皺褶，能忠實的反映出芥菜的辛辣味。

如果自己種植芥菜就有幸品嘗新鮮的芥菜葉，和萵苣一起製成沙拉會非常美味。對於較老的葉子，可以先用大火炒熟，然後蘸一些味道清淡的醬汁食用。若和洋蔥、大蒜一起烹煮，作為豬肉或培根的配菜也很不錯。

白菜 CHINESE CABBAGE

白菜的皺葉呈淡綠色，白色的葉脈長且寬，白菜的形狀很像一個肥大西洋芹的頭部，所以另一個名字就是大白菜。白菜嘗起來非常鬆脆，有淡淡的甘藍菜味道；因為全年都可以吃到白菜，所以白菜是冬天的重要食材。大火炒過的白菜也很好吃。它是許多東方菜色中的重要食材。

採購與保存

超市裡販售的白菜常年新鮮多汁，這是因為運送的速度非常快，也說明白菜經得起旅途的顛簸。不要購買葉子褪色和莖部損壞的白菜。好的白菜其葉子應呈白綠色、飽含水分、沒有污點和淤傷。可在冰箱保存約6天之久。

處理

去除外部的葉子後切片。

↓ 芥菜

↓ 白菜

烹調和食用

　　若想用白菜做沙拉，則需搭配味道較重的蔬菜，如萵苣或芝麻菜（箭生菜），並加入味道較重的調味品。若想炒白菜，則需要加入，蔥、薑、蒜等味道較重的香辛料，不過會使白菜清新的甜味消失。但還是可以感受到白菜莖的鬆脆和入味的白菜葉。

青江菜 PAK-CHOI

　　若你經常去超市，你會常看到又稱「湯匙菜」的綠色蔬菜。它們的莖積厚，莖的末端聚在一起形成根，外形非常像西洋芹。青江菜還可以分許多種，有一種較小的，形狀非常像紅蘿蔔葉，它們的莖比較小和薄。因此許多青江菜因其外

↑　青江菜

形而得名，如「馬耳朵」或「馬尾巴」。可用任何一種青江菜入菜，不必區分。但無論買多大的青江菜，你都需要挑選葉子較多汁且莖較鬆脆的。

處理與烹調

　　切下青江菜莖洗淨後，把莖和葉切片後，加入洋蔥和大蒜以大火炒，或用瑞士甜菜（甜菜的一種）的料理方式也行。青江菜的味道新鮮，比芥菜溫和，味道比清淡的白菜更耐人尋味。

芥蘭菜 CHINESE BROCCOLI

　　這是另一種葉菜，這種蔬菜頭部較小，外形像一朵花，和嫩莖花椰菜有點像，但花椰菜的花多為白色或黃色的煮法和花椰菜、芥菜差不多，去掉莖並把葉子切片後料理。

↓　芥蘭菜

73

結球甘藍（大頭菜） Kohlrabl

結球甘藍看起來像甘藍菜和蕪菁的綜合體，雖然結球甘藍生長在地上，但仍被歸爲根莖類蔬菜。它也是甘藍菜屬植物的一員，但不同的是，它可食用的部分爲球狀的莖，而不是花般的葉。

結球甘藍又分兩種：紫色和白綠色。它們都同樣味淡清新，和荸薺很像。既不像蕪菁辛辣，也不像甘藍菜味道獨特。但我們也很容易知道爲什麼人們覺得它既像蕪菁又像甘藍菜，它既可以代替胡蘿蔔，也可以代替蕪菁。

歷史

雖然在英國並不是很流行結球甘藍，但在歐洲其他地方、中國、印度和亞洲，結球

↑ 結球甘藍

甘藍都是很受歡迎。在大量種植結球甘藍的喀什米爾地區，有許多結球甘藍料理，把莖經常切片後製成沙拉，以芥茉油或大蒜與紅辣椒、結球甘藍葉一同料理。

採購與保存

剛剛長成的結球甘藍最好吃，老一點的結球甘藍因爲食物纖維的關係，所以嚼起來有些粗糙。結球甘藍可在陰涼處保存 7-10 天。

處理

去皮後切片或整顆烹煮

烹調

小而嫩的結球甘藍可以整顆煮，若直徑超過 5 公分則可填料煮，如料理前在球莖上挖一個小洞，放入炸過的洋蔥和番茄等蔬菜。以奶油或奶油醬汁將切片的結球甘藍煮軟，或做成奶油烤菜，像焗烤馬鈴薯和起司醬一起以烤箱烘烤。

← 紫色結球甘藍

瑞士甜菜 Swiss Chard

瑞士甜菜是種生長時需要大量水分的植物，這也解釋了為什麼在降水量較高的地區，人們傾向於種植瑞士甜菜。園丁們對瑞士甜菜也非常感興趣，不僅僅因為它味美可口，也因為瑞士甜菜的外形迷人。

人們常把瑞士甜菜和菠菜做比較，雖然瑞士甜菜的葉子與菠菜葉相似且較大，但和菠菜並無關係。瑞士甜菜的葉子大而多汁，葉脈呈耀眼的白色，味道比菠菜重。法國人喜歡吃瑞士甜菜，常把瑞士甜菜和米飯、雞蛋、牛奶一起放進叫做 tian 的器具中烘烤，再配上來自尼斯的杜特餅，製成以葡萄乾、松子、蘋果、瑞士甜菜和雞蛋為內餡的小甜塔。還常用瑞士甜菜和雞蛋做成起司蛋捲和玉米餅。瑞士甜菜是甜菜的一種，其他的還有，如 seakale 和 spinach beet。

紅梗莙薘菜也叫火焰菜，有著紅色葉脈，通常作為裝飾物來種植，但是它們的味道基本上一樣，和甜菜不同的是，人們只收穫葉子。

採購與保存

瑞士甜菜葉應是新鮮呈嫩綠色，不要購買葉子枯萎或根莖鬆弛的瑞士甜菜，雖比菠菜易保存，但仍應盡快食用。

↑ 瑞士甜菜

處理

一般人買來後只食用白色的莖，常葉子丟給天竺鼠吃，其實這是一種浪費，瑞士甜菜也是道美味的菜餚。食用時需把葉脈切下，用簡單的小刀（見下圖）或剪刀（可切得更乾淨些），然後將葉脈切成片狀。

用沸水煮後，包裹香米或其他食物，並紮成捆。若購入時整料都鮮嫩，則不用分開葉脈和葉子可以混一起料理。

烹調

如果想用來做派、起司蛋捲或奶油烤菜，則可將葉脈和葉片一起煮，將葉脈以油和奶油嫩煎一分鐘後加入葉片；或用水將葉脈煮軟後，加入葉片或擺上葉片蒸熟。

豆類與其種子

蠶豆
紅花菜豆
豌豆
四季豆（敏豆）
玉米
秋葵
乾豆類

蠶豆 BROAD BEAN

擁有花園的快樂之一就是當花園生機勃勃時，發現栽種的蔬菜是多麼的可口鮮美，蠶豆更是如此，其甜香味道是無法在任何冷凍食品中發掘的。若你取得新鮮蠶豆，不要擔心烹煮法，只需煮至鬆軟再佐以奶油即可，那將是令人意想不到的發現！若無法取得新鮮蠶豆，也不要忽略豌豆，因為它們是一種全能的蔬菜，能用來煮湯或燉菜，而且其粉末狀的構造也適合做成濃湯。

↑ 蠶豆

歷史

似乎從有記錄開始，人們就已食用蠶豆，各種蠶豆被種植於南、北美和亞洲；對早期人類而言，是一種非常實用的食物，考古學證明，新石器時代蠶豆已是主要的耕作物。

蠶豆能在大部分的氣候和土壤的條件下生長，從黑暗時期到中世紀，都是主要食物之一，直到 17、18 世紀才被馬鈴薯取代。對窮人來說，蠶豆是很重要的蛋白質來源，能風乾並在下個收穫季來臨前，為人們提供足夠的營養。

營養價值

蠶豆富含蛋白質、碳水化合物以及維生素 A、B_1、B_2，與鉀、鐵和其他礦物質。

採購與保存

只買新鮮的蠶豆，挑選豆莢小且柔軟，並儘早食用。

處理

嫩蠶豆的豆莢柔軟，長度不超過 7.5 公分，可連豆莢一起食用，去頭尾後切開。不過，通常需要除去豆莢。老的蠶豆在烹煮後較容易皮，也能去掉讓許多人敬而遠之的苦味。

烹調

去皮的蠶豆（或可連豆莢食用嫩蠶豆）以沸水煮軟或煮至半熟後，以奶油燉煮。把已煮好的蠶豆與大蒜、奶油、鮮奶油和少許新鮮香草，如香薄荷或百里香一起烹煮，即可製成簡單的蠶豆醬。

萊豆 LIMA BEAN

萊豆在美國很受歡迎，大多是去皮後出售，是美國印第安傳統料理「沙可達玉米粥」的必備食材。

萊豆需以少量開水煮熟，較老的萊豆則需在烹煮過後去皮。乾萊豆通常被叫做 butter bean，較大的豆子在烹煮後會變成粥狀，因此而成為煮湯或醬汁的最佳食材。

↓ 萊豆

紅花菜豆 RUNNER BEAN

紅花菜豆產於南美洲，並且已種植 2,000 多年之久，更有考古學證據指出，被種植的時間可能更早。

是一種很受歡迎的蔬菜，因易於種植，故許多種菜的人會為紅花菜豆準備一塊地、且像所有豆科植物般，其根部的菌類可以更新土壤中的氮。

紅花菜豆比菜豆更美味和健康，和四季豆有很大的差異：總體來講較大、有著長而扁平的豆莢，表皮構造粗糙，即使是嫩紅花菜豆也需煮過才能去皮；而且紅花菜豆的豆子是紫紅色，不像四季豆等大部分的豆子都是白色或淡綠色。不過，紅花菜豆和其他的豆類一樣都同屬。

採購與保存

儘量買嫩的紅花菜豆，因為大的豆莢較硬，應選購感覺上豆莢較堅硬、新鮮的，若能看到豆莢內豆子的形狀，則很可能豆子會較堅韌，但仍可風乾後，待下一季時再食用。最好選豆子比小拇指的指甲小的紅花菜豆，並在購買後儘快食用，因為儲存不易。

處理

紅花菜豆需去頭尾以及粗纖維，小心地以刀子切過豆子，往下拉，若有粗絲表示豆子需要抽去粗纖維。

烹調

把豆子放到加有鹽巴的沸水中，煮至容易咀嚼即可。

↓ 紅花菜豆

豌豆 P_{EA}

新鮮豌豆的味道好極，可以試著生食剛從豆莢剝出的豆子。只是，豌豆的季節非常短暫，若自己種植豌豆，只有在夏天來臨前的三、四週，你才能像國王般盡情享用豌豆。

歷史

豌豆的歷史比蠶豆久遠，考古學證明它們在西元前5,700年就已被種植。富含蛋白質和碳水化合物的豌豆，是當時的基本的食物，可新鮮吃或風乾後煮湯或濃湯。

早在公元前5年的希臘戲劇中就提到豌豆糊，而以豌豆、洋蔥和香草製成的豌豆布丁，雖然做法古老但仍流行於英格蘭北部，通常和火腿、豬肉一起食用。

然而，豌豆早期的煮法之一是來自於《法國廚師》一書，此書在17世紀譯成英文，並提供至今仍很流行的豌豆炒萵苣的做法。

↓ 豌豆

種類

荷蘭豆 可以整個食用，口味細膩，但很容易煮過頭，煮過頭的荷蘭豆口感滑溜。可用沸水煮或大火翻炒，也可以生食製成沙拉。

青豆 並不是未成熟的豌豆，而是一種較矮小的種類。無法購得新鮮青豆，因為它主要用於罐頭或冷凍蔬菜。

甜豌豆 生的甜豌豆口感新鮮，比荷蘭豆更多汁。

採購與保存

不只可購買新鮮豌豆，冷凍豌豆也不錯。最好的是豆莢鮮綠，豆莢越枯萎，表示採摘的時間也就越長。有時可能會摻進一些新鮮蠶豆（菜販子不介意你買什麼），所以需仔細檢查，新鮮豌豆需盡快食用。

處理

豌豆莢很容易去除，擠開豆莢，用大拇指推出豆子（見下圖）。荷蘭豆和甜豌豆只需要去頭尾（見右圖）。

↑ 甜豌豆

烹調

以盛有開水的平底鍋中煮豌豆，並放入一小枝薄荷，或以加蓋蒸鍋煮熟。也可用砂鍋融化奶油後加入豌豆，加蓋文火加熱 4-5 分鐘。與甜豌豆或荷蘭豆的煮法相同，但時間較短些。

四季豆（敏豆） Green Bean

無論你管這種豆子叫做法國豆、黃莢種菜豆、菜豆還是敏豆，它們都屬於一個大且多樣的家族。

歷史

四季豆是一種美洲的蔬菜，它被南北美洲人種植的歷史也有幾千年了，這可以用來解釋其品種豐富的原因。

種類

四季豆幾乎全年生長，是最方便的新鮮綠色蔬菜之一。

法國豆 這個名字包含了許多的四季豆，包括四季豆和 Bobby Beans，四季豆大都飽滿多汁，新鮮時感覺較堅硬，折斷時，聲音清脆。

Haricots Verts 被認定為最好的四季豆，口感細膩，形狀纖細。應在非常嫩時料理，長度不要超過 6-7.5 公分。

↑　四季豆

菜豆（豇豆）　因和四季豆相似，故可以相同方法準備和烹煮。

黃莢種菜豆　也是四季豆的一種，口感溫和，略有些奶油味。

採購與保存

不管哪個品種都應選購新鮮、鬆脆，而不是枯萎或老的四季豆，輕輕按壓豆莢感覺應很鬆軟。不耐保存，故應儘快食用。

處理

去四季豆頭尾的方法：握在手裡切去蒂 0.5 公分（見下圖），並以相同方法切掉尾端，依需要撕掉所有的粗纖維。

黃莢種菜豆　↓

烹調

　　把四季豆以沸鹽水煮至易嚼，若煮太久，四季豆吃起來口感鬆垂。瀝乾水分和奶油一起攪拌，或和珠蔥、培根煮成醬食用。若要製成沙拉，需煮軟後浸泡於冷水中，和蒜味醋油醬一起食用口感極佳。若和胡蘿蔔或其他根莖類蔬菜一起食用也別有一番風味。

Haricots Verts（四季豆的一種）　→
菜豆（豇豆）　↓

新鮮玉米可加入鹽和奶油一起食用，口感非常香甜。

種植玉米的農夫會把剛採收的玉米以沸水燙煮。從超級市場購買玉米，是無法避免的行為，尤其是當季的玉米味道非常鮮美。

歷史

當哥倫布於 1492 年發現古巴時，他遇到了印第安人，為了表示歡迎，印第安人送他兩樣禮物，一個是煙草，另一個就是印第安人叫做 mais 的玉米，所以哥倫布和船員們認為玉米是印第安人不可缺少的食物，而把它稱作「印第安玉米」。

玉米最早種植於南美洲，對印第安人有非常廣泛的意義，印第安人靠玉米生存，並且把玉米視為「生命的源泉」。

玉米的用途非常廣泛，他們把玉米稈運用於避難所和柵欄的建築上，並穿在身上當成裝飾品。

阿茲提克人有種植玉米的慶祝會，包含人類的獻祭，其他的部落也保留了類似的傳統，祈求上天讓玉米豐收。無數的神話和傳說中都存在著玉米，每個部落都有著不同的故事，但相同的主題都是播種和收穫玉米。這引起考古學家和歷史學家強烈的研究興趣。

↑ 玉米

營養價值

玉米是一種很好的碳水化合物食物，富含維生素 A、B、C 與蛋白質，跟其他穀物相較也含有豐富的鉀、鎂、磷和鐵。

種類

主要的玉米有五種，黃玉米、甜玉米，凹玉米、玉米和粉玉米。

凹玉米是世界上最普遍種植的玉米，可用作飼養動物和榨油，我們吃的玉米是甜玉米。玉米筍則於未成熟時採摘，可整個料理和食用。

採購與保存

玉米被摘下後，其醣分便開始轉換成澱粉，所以越早料理越好，且盡可能只買產地的玉米。

挑選外皮乾淨嫩綠、玉米穗金黃、明亮的玉米，玉米本身應該飽滿、金黃。不要挑選蒼白或皺縮的玉米。

烹調

把整枝玉米放入鹽水中煮軟，時間取決於玉米的大小，通常 15 分鐘就夠了。可以和海鹽奶油一起食用，但如果玉米本身非常香甜，則不需要奶油。用大火翻炒玉米筍時，可佐以東方料理食用。

處理

先剝去玉米的外皮以及玉米鬚。要使用玉米粒做菜時，用一把利刃自上而下切去（見下圖）。

↓　玉米筍

秋葵 OKRA

歷史

秋葵產於非洲 16 世紀，當非洲人被西班牙人奴役並送往新大陸時，他們家鄉的植物和種子，如乾豆、山藥、阿奇果和秋葵。這種燈籠狀的豆莢內包含著成列的種子，烹煮時會流出黏液。它受歡迎的原因不僅是因其獨特的口感，更因為它可以煮成濃湯或燉菜。

秋葵在熱帶易於生長，19 世紀早期，奴隸交易被廢除時，秋葵已成為加勒比海國家和美國南部不可缺少的蔬菜。在紐奧良、克里奧爾附近，歐洲移民後裔們接受了流行的美國印第安食物，「秋葵湯」，這道名菜的特色就是黏稠的口感和濃度。印第安人使用黃樟葉粉取代秋葵也非常受歡迎。

秋葵湯因此成為克里奧爾菜餚的標誌，而在美國某些地方，「秋葵湯」有時可被秋葵完全取代。

採購與保存

選擇小而嫩的豆莢，因為老的豆莢較堅硬，應挑選鮮綠、堅硬，按壓時略有彈性，不要購買枯萎或有傷痕的秋葵。可在冰箱的蔬菜冷藏抽屜中保存幾天。

烹調

可以蒸、煮或輕炒，整個料理，秋葵並不粘稠，但很鬆軟。不管是整個煮或切開，都要加入大蒜、薑和乾辣椒調味。或以印第安方式，用洋蔥、番茄和香料一起煮。

處理

當整個烹煮時需要去掉蒂頭，但不要讓種子暴露出來，否則黏液會流到整個盤子中。但若這是你想要的，則可以根據食譜切成片狀（見下圖）。若想去除黏液體，則需以加入檸檬汁的水浸泡 1 小時。

↓ 秋葵

乾豆類

乾豆類出現在世界各地的料理中,從墨西哥炸豆到義大利的青豆麵條,都富含蛋白質。和米飯一起食用,口感極佳。是食物櫃中的必備物品。

黑眼豆 這種小的、帶有奶油味的豆子有著黑色斑點。烹煮後會變得鬆軟而有奶油般的口感與溫和的煙草味道。黑眼豆在印第安料理中很常見。

Chana Dhal 是一種類似黃豌豆的豆子,但較小些,口感更香甜,可用在許多蔬菜的料理中。

鷹嘴豆 這些圓的米色豆子,烹煮時有強烈的堅果味。除了煮成咖哩,鷹嘴豆還有許多印第安料理的基本食材。

綠扁豆 被廣泛認為是扁豆,口感強烈,烹煮後仍能保持形狀,用途廣泛,可用於許多料理中。

↑ 從上方依順時針方向為:紅色小扁豆、綠扁豆、Toovar Dhal、Chana Dhal。

Haricot Bean 小的、白色橢圓形豆子,有著不同的類型,是印第安人不可或缺的食材,因為不僅能保持形狀還能吸收各種香料的味道。

Flageolet Bean 是小的橢圓形、白色或淡綠色豆子口感溫和、新鮮,是經典的法國蔬菜之一。

腎豆 是最流行的豆類植物之一,顏色暗紅或棕色而且口感強烈。

Toovar Dhal 這一種暗橘黃色的豆子,土味非常濃。

綠豆 這些又小又圓、口感清甜而且有著奶油般口感的豆子,發芽後就是綠豆芽。

紅色小扁豆 是一種非常方便的扁豆,能用來取代toovar dhal。

浸泡與烹調小技巧

乾豆子除扁豆外,需在烹煮前浸泡一整晚以節省時間。把豆子洗淨,去除小石子和壞豆子,放入大碗中並加入足夠的冷水。烹調時,加入2倍豆子的水後煮10分鐘。瀝乾後沖洗,再以乾淨的水煮。煮的時間視豆子種類與鮮度而有所不同,。扁豆不需浸泡,只需在煮之前以冷水多洗幾遍。

↓ 從右下方依順時針方向為:綠豆、Flageolet Bean、鷹嘴豆、Haricot Bean、黑眼豆、腎豆。

南瓜屬植物

密生西葫蘆

西葫蘆和夏南瓜

美國南瓜和冬南瓜

外來種

小黃瓜

密生西葫蘆 COURGETTE

密生西葫蘆是最受青睞的南瓜屬植物，因為它們烹煮、易熟而且鮮美多汁、柔軟、口味細膩。和其他南瓜屬的植物不同，它們四季都可以生長，且在採摘後馬上食用，味道最佳。它們的生長期長，越修剪產量就越大，但若沒有修整則會長成西葫蘆。

Pattypan Squash（密生西葫蘆的一種）　→
嫩密生西葫蘆　↓

種類

密生西葫蘆可以分為夏南瓜、倭瓜和 Pattypan Squash。

密生西葫蘆 有時稱作 zucchini，密生西葫蘆基本上是未成熟的西葫蘆。密生西葫蘆有著深綠色表皮與白色果肉，而且果實堅硬。成熟的密生西葫蘆中，種子與襯皮均已成長，但美味的嫩密生西葫蘆中，雖然沒有種子或襯皮，但它的肉質卻已是很堅硬。

↓　黃皮西葫蘆

黃皮西葫蘆　這些西葫蘆的顏色鮮黃，長得比綠色西葫蘆直，果肉也較硬一些，但總體來說，還是相差無幾。

Pattypan Squash　這些小南瓜看來像小型的Custard Marrow有淡綠色、黃色或白色的，果肉比密生西葫蘆更堅硬，不過味道相似。可以和密生西葫蘆一樣切片煮和烘烤，但為了保持形狀和大小，可以整顆蒸到變軟。

Summer Crookneck　是淡黃色、彎曲且表皮不平的瓜，可以用密生西葫蘆的方法處理與烹煮。

義大利密生西葫蘆　生長於義大利，是非常細長的西葫蘆，可如普通西葫蘆般烹煮。

採購與保存

最好選購堅硬、表皮看來有光澤、健康的密生西葫蘆，而不是感覺上柔軟，看起來不脆的密生西葫蘆，因為它們很可能缺乏水分，而且沒有食用價值。無論如何，最好選擇小的密生西葫蘆，而且只購買需要的分量。

處理

小的嫩密生西葫蘆並不需要特別處理，但若還帶著花就更好了。另外一些密生西葫蘆需要去頭尾，並依食譜的不同

↑　義大利密生西葫蘆，旁邊是白色和綠色密生西葫蘆

需求，切片或填入餡料。

烹調

嫩密生西葫蘆只需短暫烹煮或幾乎不需要烹煮，可以整顆蒸或以沸水煮。嫩密生西葫蘆較大，則可切片蒸或煮，但小心不要煮過頭，因為它們非常容易煮透。可以烘烤或油炸。可以把西葫蘆切片裹上麵粉、雞蛋、牛奶調成的稀麵糊，以橄欖油和葵花油油炸。或放在烤盤上，撒些磨碎的大蒜與少許撕碎的羅勒葉，再淋上一些橄欖油，以高溫烘烤至變軟，期間可以翻動幾次。

西葫蘆和夏南瓜 Marrow and Sommer Squash

大部分可食用的果肉都是水分，且西葫蘆也是較清淡的植物，有著稍甜的口感。沒長好的西葫蘆會淡而無味，若煮成軟塊西葫蘆會完全沒有任何味道。

歷史

西葫蘆和所有的夏南瓜、冬南瓜一樣，都是原產於美國。美國印第安人，在傳統上是將南瓜和玉米、蠶豆一起食用。而在一個易洛魁人（北美印第安人）的神話中，這三種蔬菜代表三個親密的姐妹。雖然早期的拓荒者肯定會和它們有所接觸，但卻不會被帶回家，直到19世紀，西葫蘆才被英國人所認識。然而，在西葫蘆被引進英格蘭後，馬上就大受歡迎。比頓夫人寫了8則烹煮西葫蘆的食譜，而且證實了「它們被廣泛地食用著」。

種類

西葫蘆普遍被認爲是指「夏南瓜」，也就是在夏末秋初生長的夏南瓜。

尹瓜　是較大的西葫蘆的統稱，也是節日慶典和紀念日的常用蔬菜。

魚翅瓜　呈淡黃色、稍長，像所有西葫蘆般能長得很大。但爲了口感，最好購買小的魚翅瓜。因爲煮好的樣子和義大利麵很像而得此原文名字Spaghetti Squash。

煮魚翅瓜需先切掉尾部，以便加熱時熱能傳導烹煮約25分鐘或直到表皮變軟。切成兩半，去籽後把成條的果肉夾到盤子裡。它有蜂蜜和檸檬的清香，加入大蒜、奶油或香蒜醬就很美味。

Custard Marrow　是小巧、淡綠色的南瓜，有著扇貝般的邊緣，味道和密生西葫蘆

↓　魚翅瓜

↓　Custard Marrow（南瓜的一種）

↑ 尹瓜

很像，應盡可能購買約 10 公分大的。整顆煮到變軟後，去蒂再舀出籽並加一點奶油食用。

採購與保存

儘量購買沒有瑕疵的，而不是軟的或有棕色塊的南瓜。若在通風、陰涼處可以保存幾個月，但 Custard Marrow 只能保存一週左右。

處理

將南瓜皮洗淨，若要炒或蒸，則需去掉堅硬的外皮，要燉則需切成塊狀，並去掉南瓜籽與瓤（見下圖）。若要填餡，則需將南瓜切成厚片狀後去籽和瓤。

烹調

把南瓜塊置於深底鍋中，倒入一點奶油後加蓋煮到南瓜變軟，若再加一點大蒜、香草或番茄就更加美味了。若要填入餡料，則南瓜需先以沸水煮過後再填餡，需加蓋料理。

美國南瓜和冬南瓜 Pumpkin and Winter Souash

美國南瓜是最有名的冬南瓜之一，就美學而言，它們的形狀、顏色和表皮的光滑度使其成為大自然中最令人滿意的蔬菜。原產自美國，從烹飪的角度來看，美國的確是這種南瓜的家鄉。

南瓜的名字來源於美國，包括小青南瓜、奶油瓜和福瓜。約有幾百種不同的南瓜，包括 Sweet Dumpling、Calabaza、紅南瓜、Golden Nugget 和昆士蘭藍南瓜（來自澳洲）。

歷史

在感恩節吃南瓜的傳統來自清教徒，當他們遷徙到新英格蘭時，為祈禱有好收成而設立感恩節。最早的傳統是去掉南瓜蒂和南瓜籽，於南瓜內放入蜂蜜、牛奶和香料，然後烤軟食用。在感恩節吃南瓜的傳統仍流傳著，但已有不同的食用法，如南瓜濃湯或金黃色的南瓜塔。

種類

冬南瓜的品種很多，較令人困惑的是許多南瓜都有幾個不同的名字。但就烹飪而言，它們大部分是可以互換的，南瓜料理的滋味則取決於醬汁。整體來說，它們的果肉較粉且呈纖維狀、味道溫和，有輕微

↑　順時針方向依序為：雜交南瓜、日本南瓜、小青南瓜

的甜味。正是這種平淡的味道，使得南瓜和其他的醬汁味道很合。

小青南瓜　較小顆、呈心形，外皮是非常漂亮的深綠色或橘黃色，或兩者的綜合體。可去皮後如南瓜般整顆烘烤，或切開抹奶油食用。

奶油瓜　完美的梨形南瓜，有著奶油色的果肉，可用來煮湯或任何南瓜料理。

Delicata Squash　是有點淡黃色的南瓜，果肉鮮美多汁，吃起來像是番薯和奶油瓜的綜合體。

English Pumpkin　果肉比美國南瓜柔軟，非常適合煮湯、南瓜泥，或和馬鈴薯等根莖蔬菜一起食用。

筍瓜　這種大南瓜的外皮較厚、高低不平且堅硬，顏色由亮橘黃色到深綠色，較大的則會切成兩半或大塊出售，最好和奶油與調味料一起攪拌後食用。

日本南瓜　非常引人注目的亮綠色南瓜，果肉為淡橘黃色，味道與口感都和小青南瓜相似，故能以相同方法處理和烹煮。

↑　依順時針方向從右上依序為：雜交南瓜、兩個金色小青南瓜、兩小一大的南瓜。

Onion Squash 此種南瓜呈圓形、黃色或淡綠色、口感溫和，沒有一般南瓜甜，但還是有些水果或蜂蜜味。非常適合做成義大利燉飯或大部分的南瓜料理，但為顧及味道，也許需要額外的調味料和糖。

美國南瓜 較大顆，呈鮮黃色或橘黃色，果肉是深橘黃色，味道較甜，有輕微的蜂蜜味，多生長於美國北部和澳洲。南瓜湯、南瓜麵包和南瓜派是美國人傳統生活的一個部分，而南瓜在萬聖節時還被用來刻成臉的形狀。

採購與保存

所有的冬南瓜都能長時間儲存，需購買堅硬、無瑕疵、表皮清晰光滑的南瓜。

處理

較大顆的南瓜或用來煮湯或壓成泥的南瓜，需去皮對剖並去籽（見下圖）。

↑ Sweet Dumpling（南瓜的一種）

↓ 美國南瓜

烹調

以沸水煮約 20 分鐘，搗碎後放入奶油與鹽和胡椒一起食用。小南瓜能連皮整顆烘烤，切成兩半並去籽，和奶油楓糖漿一起食用。南瓜也能加入奶油嫩煎亦可加入高湯、鮮奶油和切碎的番茄一起食用。

外來種

雖然大部分的南瓜都原產於美國，但大部分的葫蘆都來自於非洲、印度與遠東地區。時至今日，南瓜和葫蘆已是普及於全世界的蔬菜，而且都屬於葫蘆科，也都以其快速生長的藤蔓為特色。

瓠瓜 現在仍是非洲常見的蔬菜，它們最初並不是因為果實而被種植，瓠瓜能長得很大，而外殼則能用來做水瓢、水杯與樂器。嫩果實可直接食用但很苦澀，最好加入味道較重的醬汁，如咖哩。

佛手瓜 佛手瓜是在世界各地都非常受歡迎的葫蘆，能在中國、非洲、印度或加勒比海地區的任何市場買到。和大部分葫蘆不一樣的是，雖然原產於墨西哥，但在西班牙入侵後就被普遍種植於在大部分的熱帶地區。

這種瓜呈梨形，中間是一個弧，表皮呈奶油色或綠色，口感平淡，和尹瓜差不多，但和南瓜一樣較堅硬。常見於加勒比海料理，可作爲配菜或舒芙蕾，有時也能製成沙拉。

苦瓜 是亞洲常見的蔬菜，在亞洲非常受歡迎，但因特別苦，所以很少西方人食用。因爲表皮多瘤狀且帶刺，看上去就如同一隻玩具恐龍，所以很容易辨認。大部分的食譜上建議把苦瓜剖成兩半，去掉內瓤，切絲後以沸水煮幾分鐘以減輕苦味，亦可翻炒或做成其他的東方料理。

絲瓜和稜角絲瓜 絲瓜肯定是最奇怪的植物之一，幼果即可食用，雖然並不是很好吃，但這種植物其實是用來做海綿的。成熟的絲瓜採摘後風乾，絲瓜會漸漸乾枯，只剩下纖維，因此可以用來洗澡。

稜角絲瓜多用於食用，但也只能食用嫩果，因爲成熟後會變苦。它們嘗起來像密生西葫蘆，且可以用相同方法料理、以奶油煎或與大蒜、番茄、油一起烹煮。

↑ 山苦瓜　↓ 稜角絲瓜

↓ 佛手瓜

小黃瓜 Cucumber

不但味道甜美，而且口感頗佳，吃起來非常的清新涼爽。在下午茶時間，吃一個抹有奶油且夾著小黃瓜薄片的三明治麵包；柔軟的麵包、光滑的奶油與鬆脆清爽的小黃瓜呈現了絕佳的對比。

種類

無籽黃瓜 是英國人最熟悉的黃瓜，籽少，皮比 Ridged Cucumber 的薄。

西印度黃瓜 這種小黃瓜的外皮高低不平，有些瘤狀。可用醋醃製或和凍肉一起食用，或切碎後放入美奶滋。

Kirby 美國的品種，多用於醃製後食用。

Ridged Cucumber 這種黃瓜比大部分的黃瓜小，籽多、皮厚而凹凸不平。可在法國各地購得，其他地區則只有特定地點才有。因販售前浸過蠟，故食用需去皮，但大部分 Ridged Cucumber 都未以蠟浸泡，故可不去皮，口感頗佳。

採購與保存

黃瓜應挑選整條都很堅實的果實較佳，經常以塑膠袋包裝出售，可以在冰箱的蔬菜冷藏抽屜中保存一個星期，一旦拆封就應馬上食用。

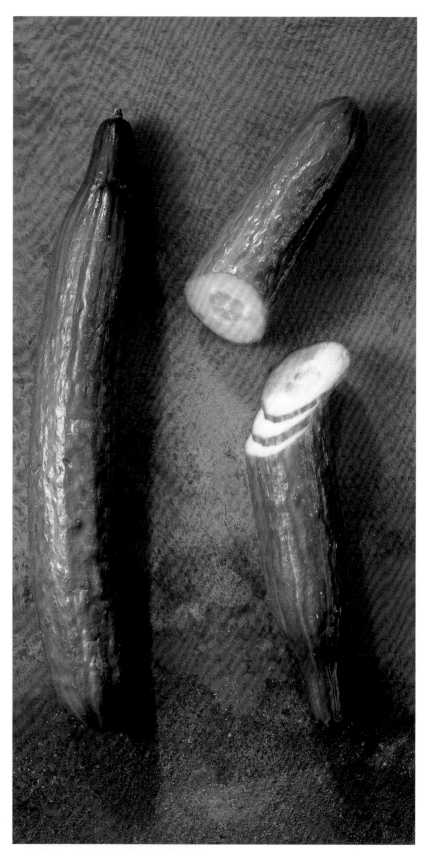

↑ 小黃瓜

↑ Ridged Cucumber（比小黃瓜還小的品種）　　　↑ 小黃瓜幼果

處理

食用時是否去皮，可依個人喜好決定，但若不去皮則一定要仔細沖洗。許多蔬菜商會把黃瓜上蠟以使其光滑亮澤，這樣的黃瓜一定要去皮。若有有疑慮，那麼就購買機黃瓜吧。

食用

黃瓜絲常和醬汁或酸奶油一起食用。在希臘，黃瓜是希臘鄉村沙拉 Horiatiki salata 的必備食材，黃瓜切成塊狀，和番茄、胡椒與費他乳酪一起食用，並用少許橄欖油、醋調味。

黃瓜冷湯也很美味，黃瓜還能和優格、大蒜、香草做成濃湯，拌入鮮奶油後食用。

烹調

黃瓜以生食爲主，但烹調後也很美味。黃瓜切塊、去籽，燉幾分鐘直到柔軟。瀝乾水分後，放入盤中，拌入少許鮮奶油和調味料即可食用。

↓ Kirby（美國品種的小黃瓜）

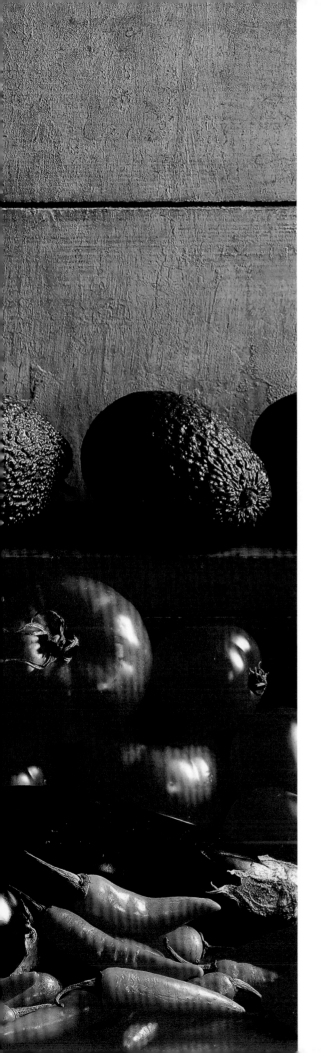

果菜類

番茄

茄子

甜椒

辣椒

大蕉與綠香蕉

阿奇果

酪梨

麵包果

番茄 Tomato

在地中海料理中，除洋蔥外，另一樣重要食材就是番茄。義大利、西班牙或普羅旺斯食譜中絕對找不到不放番茄、大蒜和橄欖油的料理。

歷史

番茄與馬鈴薯、茄子、甜椒和辣椒都屬於茄屬植物。這個家族中有些成員劇毒無比，所以我們的祖先為了安全起見，索性連番茄都不碰。不過番茄葉確實有毒，不慎食用將導致劇烈的胃部疼痛。

番茄最早是生長在南美洲南部，16 世紀西班牙大舉侵略時，番茄已遍佈整個南美洲和墨西哥。墨西哥阿茲提克帝國的征服者，西班牙探險家科德斯把第一株番茄幼苗（某個黃色的品種，帶往了西班牙）。

但人們並沒有立刻喜歡上這種「金色的蘋果」，英國的園丁們大多把番茄種在花園裡作裝飾，他們從不覺得它可以當作食物。據記載，西班牙是首先把番茄用於烹調的國家，當時的方法是和油以及調味料一起燉煮；義大利隨後也依樣畫葫蘆。但在其他地方還是認為番茄具有毒性。

歐陸的第一顆紅番茄出現在 18 世紀，是由兩位耶穌會神父帶去義大利的。漸漸地，北歐也開始接受番茄，一直到 19 世紀中期，番茄已在北歐廣泛種植，人們多生食，或製成醃漬品。

↑　紅色的和黃色的櫻桃番茄

↑　黃色梨形小番茄

種類

番茄品種不計其數，從直徑 10 公分的牛番茄到可愛的櫻桃番茄都有，其形狀也很多樣，扁長形、李子形、近似方形的，甚至還有梨形的番茄。

牛番茄 形狀較大，表面隆起，顏色爲深紅或橙黃，口味極佳，適合用於沙拉。

罐頭番茄 冬天的番茄可製成罐頭，番茄是少數能封罐貯存的蔬菜，但請勿選用具大蒜或香草味的配料，最好在食用時自行加入醬汁。

櫻桃番茄 這種迷你精緻的小番茄曾被園丁視若珍寶，如今它們已廣爲種植。雖然比球形番茄的價格高，但櫻桃番茄的味道更加甜美，所以爲了做出可口的沙拉或其他菜餚，多花一點錢還是值得的。

羅馬番茄 這種生長在義大利的番茄口感豐富，籽比一般番茄少。主要用來製成沙拉，但通常也建議用於其他需加熱的料理中。

↑ 藤蔓上的球形番茄或沙拉番茄

球形番茄或沙拉番茄 這種番茄在蔬果店或超市中很常見。不同的類別與季節決定了它們的大小。以充足光照的成熟番茄味道最佳，但爲了一年四季都能吃到，人們經常在沙拉番茄成熟前採摘。在日常烹飪中，沙拉番茄的用途多樣，加些糖並仔細調味，就能掩飾沙拉番茄任何口感上的瑕疵。

乾番茄 是80年代末到90年代初一種相當時髦的食品，爲許多地中海料理增添了懷舊的氣息，但請別濫用。

番茄醬 在菜餚中加入濃烈的番茄味是種不錯的調味法，但請酌量添加，不然番茄的味道將蓋過一切。有蓋玻璃瓶比罐頭更適合保存番茄醬，因爲打開後，玻璃瓶可置於冰箱保存4-6週左右。

黃色番茄 和紅色番茄一模一樣，也有球形、李子形或櫻桃狀，只是它們是黃色的。

← 牛番茄

採購與保存

理想的情況是讓番茄在枝頭慢慢成熟，自然形成它的風味，所以自家種植的番茄最佳，國內種植銷售的次之。

購買時請注意葉蒂：看來越新鮮的越好。若製成沙拉，牛番茄或櫻桃番茄就很合適；要是想做香濃的番茄醬，羅馬番茄是不錯的選擇。

表皮泛白或略帶青色的番茄以棕色紙袋或冰箱的蔬菜冷藏抽屜保存，會慢慢變紅。若要立即食用，請挑選明亮的紅色番茄。而熟過頭，已經裂開，看來好像就要噴出汁的番茄最適合煮湯。但是不要忽略番茄上任何一處的發軟或腐爛，那將使烹調時的所有努力全部付諸流水。

處理

番茄若用於沙拉或披薩料，就應橫向切成薄片，然後把薄片切成 2-4 塊，再各自切成 2-3 塊。

烹調

呈淡橘紅色的番茄湯是一道經典的番茄料理，多與高湯或牛奶煮成，有時則和蔬菜、大蒜和羅勒燉成。在普羅旺斯和義大利料理中，番茄多與魚、肉和蔬菜一起煮，或作為義大利麵和沙拉的醬汁或食材。義大利語 tri colore salata，就是指混合番茄、馬自拉乳酪

↑　羅馬番茄

和羅勒的三色沙拉，這三種顏色正好呼應了義大利國旗的顏色。番茄有著濃烈的酸甜味，所以在調製沙拉時，只需淋上橄欖油。碎番茄可為所有肉類和蔬菜料理增添風味。在理想的情況下，即使是極不講究的菜餚中，番茄都應去皮，因為煮熟的番茄皮很難吃，有些番茄醬汁還需將番茄去籽，可在切塊前先對切番茄後去籽。（見下圖）。

番茄去皮

用刀在番茄底部劃十字，把番茄置於碗中並倒入沸水（見下圖）。約泡 1 分鐘後，用利刃即可輕易去皮。可以一次泡，最多五顆，以免番茄被泡熟。去皮後將水煮沸，準備處理下一批番茄，因為去皮必須用滾燙的沸水。

茄子 Aubergine

茄子有許多品種遍植世界各地，且爲各國人民所食用。不管是歐洲、亞洲美洲，都能在各地料理中找到茄子。

歷史

茄子與番茄、辣椒皆爲茄屬植物，但茄子並不是在美洲發現的，最早關於茄子栽種的記載，始於西元前 5 世紀的中國，不過人們通常認爲印度人在更之前便開始食用茄子。約 1,200 年前，摩爾人把茄子帶到西班牙，之後在西班牙南部，位於地中海、直布羅陀海峽和大西洋交界處的安達盧西亞地區的人們便開始種植。摩爾人也可能把茄子帶到了義大利，之後茄子再從義大利傳到南歐和東歐。

儘管茄子在歐洲深受青睞，但直到最近，它們才開始流行於英國和美國；不過早期

↑　茄子

↓　日本茄子

↓　迷你茄子

105

的食譜作者雖然知道茄子這種蔬菜，但卻只寫了一點點關於茄子的食譜。

與此同時，在南歐和東歐，茄子格外為人們所喜愛，如今它們已成為地中海地區最受歡迎的蔬菜之一。確實，義大利、希臘和土耳其就宣稱當地約有 100 種茄子的烹調法；在中東地區，茄子也是一道非常重要的菜。

↑　白色茄子

種類

茄子依產地、品種不同，其顏色、大小和形狀都不一樣。小巧飽滿象牙白的茄子看來頗似大雞蛋，所以在美語中，茄子也被叫做 eggplant。漂亮的條紋茄子多為紫色或粉紅色，表皮上點綴著不規則的條紋。日本或亞洲茄子長而細，顏色從紫白相間到深紫，深淺各異，果肉柔軟微甜。大多數的茄子都呈光亮的紫色或全黑，形狀則細長或如飛船般扁平。所有茄子的味道和口感都差不多，煮熟後，口味都很清淡溫和，且略帶煙燻味；生的果肉結實有彈性，煮熟後就會變得很軟。

↓　條紋茄子

採購與保存

　　新鮮的茄子應該重而結實、無疤且有光澤。置於冰箱的蔬菜冷藏抽屜可保存兩週。

處理

　　若需把茄子切片後油炸，則最好先把茄子切片用鹽醃過，以去除一部分的水分，否則在烹調時，茄子會吸收大量的油，醃過的茄子則可減少油的吸收量，且醃漬還可減少茄子的苦味，不過如今茄子的品種幾乎已經沒有苦味了。醃漬前把茄子切片（見下圖上）或切段（見最下圖），若欲油炸則切成 1 公分厚片，再撒上大量的鹽，並置於漏鍋中約 1 小時後沖洗乾淨，接著輕輕地擦乾每片茄子的水分。

烹調

　　茄子切片裹上奶油麵糊後以橄欖油炸熟的開胃菜，在義大利和希臘都很流行。

　　若要製成慕沙卡、帕爾米吉阿諾乳酪烤茄子和其他料理，則會在茄子上放一些其他配料，所以需縮短茄子切片的油炸時間，這樣做出來的茄子才會外脆內軟，格外好吃。

　　若要製成號稱窮人魚子醬的茄子泥，需先以叉子在茄子上戳滿小洞，放入烤箱中以中火烤半小時，直到茄子變軟，然後挖出果肉，與蔥、萊姆汁和橄欖油混合即可。最著名的茄子料理之一就是以洋蔥、大蒜、番茄、香料和大量橄欖油作為餡料的土耳其名菜 Iman Bayaldi。

↓　泰國茄子，包括白色的和黃色的茄子以及 Pea Aubergine

甜椒 PEPPER

　　儘管名稱相似，但甜椒和作爲調味品的胡椒毫無關係，不過早期的探險家們確實誤把這種果實看成他們苦苦找尋的香料。不過也多虧了這個具有四百年歷史的錯誤，使得「甜椒」這個名詞留存至今。

歷史

　　當年哥倫布和西班牙征服者們航海遠行的原因之一，就是要尋找馬可波羅在中東發現的香料，可惜哥倫布沒到達東方，但卻找到新大陸，意外地發現玉米、馬鈴薯和番茄。

　　其實哥倫布本應注意到美洲印第安人用的醬汁之一就是磨碎的甜椒。這種植物就像胡

↑　紅色甜椒、綠色甜椒、橙色甜椒

椒般口感稍辣，才會讓一心尋找香料的哥倫布做出錯誤判斷。總之，哥倫布最後將這種

新蔬菜帶回國，並稱它爲胡椒，而且宣稱這比產自高加索地區的胡椒好。

↓　黃色甜椒

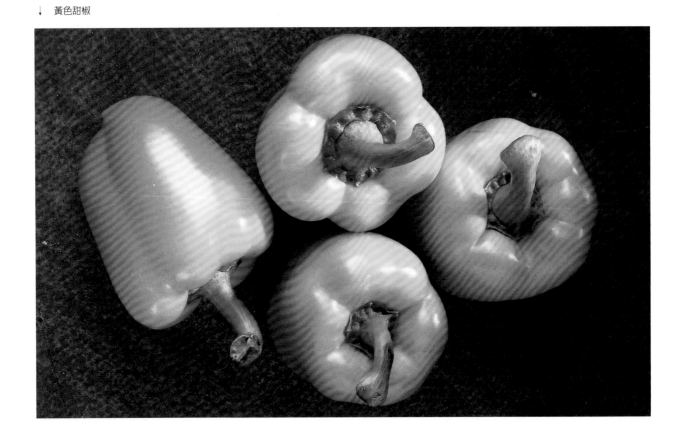

種類

甜椒和辣椒同屬,它們的區別在於:甜椒常被叫做柿子椒,而且顏色多樣,如紅、綠、黃、白、橙黃色和暗紫黑色的甜椒。

藉著觀察甜椒的顏色,就可以大致知道它的味道。綠色甜椒是最生的,有一股清新的「生鮮」味。紅色甜椒比綠色甜椒熟一些,而且特別地甜。黃色或橙色甜椒的味道則和紅色甜椒差不多,只是比較不甜。黑色甜椒味道和綠色甜椒相似,但讓人失望的是,煮熟的黑色甜椒,表皮會變成綠色。所以如果是為其獨特的顏色而買黑色甜椒的話,最好把它用於沙拉。

在希臘與南歐其他地區,又長又細的甜椒比較常見,可能因為這種甜椒是在當地採摘,所以絕對新鮮,味道也比柿子形的甜椒更甜更辣,總之,這種細長的甜椒十分美味。

↑ 紫色甜椒

採購與保存

好的甜椒表皮應該新鮮有光澤,果肉硬實有彈性,不要挑選表皮皺皺或潮濕發軟的爛甜椒。甜椒置於冰箱底層,約可保存幾天。

處理

若要製成釀甜椒,則需先去蒂再去除果芯、果髓與籽。將甜椒剖開或切成薄片,就能輕易去除果芯和籽。

烹調

甜椒的烹煮法很多,如切成薄片的甜椒可與洋蔥、大蒜一起用橄欖油炸和番茄、香草燉成基本的普羅旺斯燉菜,也能加入其他的蔬菜,如綠皮密生西葫蘆和茄子。

甜椒也能烘烤後配普羅旺斯燉菜的食材或洋蔥和大蒜。把甜椒切成大片後,放在盤

← 白色甜椒

中,撒上橄欖油以及切碎的羅勒和調味料後,放入烤箱中以220℃烤30分鐘左右,期間盤內食物需翻動2-3次。

烤甜椒也是道美味的佳餚,烤熟的甜椒去皮後,果肉柔軟肥厚,可以做成沙拉食用。

甜椒去皮

把甜椒縱向切成4片後,表皮朝上放在烤架上烤(見下圖)。直到甜椒表皮焦黑、出現水泡後,立刻放進塑膠袋中(甜椒很燙,所以需要準備夾子或叉子),然後用帶子封起袋口,放置幾分鐘後,把袋子解開,就能輕易剝去甜椒表皮。

辣椒 CHILLI

有些人嗜辣如命，吃飯無辣不香，所以會隨身攜帶小罐裝的乾辣椒，並在每道菜撒上辣椒。雖然這聽起來有點極端，但比起其他蔬菜，辣椒確實能爲料理增添風味。

種類

辣椒是世界上僅次於鹽的重要調味品，辣椒與甜椒的關係密切，但兩者之間的差異在於：不同的辣椒品種具有不同的辣度，從「完全能夠忍受」到「足以把人辣暈」，其間的差別很大。

Anaheim Chilli 是種細長、一端爲鈍頭的辣椒，是以加州 Anaheim 這個城市的名字命名，顏色多爲紅色或綠色，味道偏甜，比較溫和。

↑ Birdseye Chilli（辣椒的一種）

Ancho Chilli 看起來就像小甜椒一樣，味道十分清淡，有淡淡的甜味。

Birdseye or Bird Chilli 這種小巧的紅色辣椒口感火辣。

番椒（Cayenne Pepper） 由曬乾後碾碎的辣椒籽和辣椒莢製成，名字取自法屬圭亞那的首都，不過現在當地已經不再種植番椒，製作番椒的辣椒也不再僅此一家，而是取自世界各地的辣椒。

Early Jalapeño 是種很受歡迎的美洲辣椒，剛長出來時是深綠色，之後漸漸轉紅色。

燈籠辣椒 這種辣椒經常被叫做蘇格蘭軟帽椒，是世界上最辣的辣椒之一，體形較小，依成熟度呈現綠色、黃色、紅色。但是不要因此而被它的外表所欺騙，顏色和辣度沒有直接關係，千萬別誤認爲綠色的味道比較溫和，各種顏色的燈籠辣椒都超級辣。產自墨西哥，所以在墨西哥和加勒比海地區的料理中常會用到。

Hot Gold Spike 生長在美國西南部，體形較大，表皮爲淡黃綠色，味道非常辣。

↓ 燈籠辣椒（在碗裡和碗前）、yellow wax chilli

Poblano 一種體形較小，深綠色的辣椒，在西班牙，多是整個以烤箱烘烤或放在烤架上炙烤。大多數 Poblano 的辣度適中，但也有一些很辣，所以在一口吞下前一定要很小心。

紅辣椒 這種辣椒比較長，表皮皺起，剛長出來時為綠色，之後漸漸轉紅，且辣度不一，因體形細長，所以需要一定的技術才能處理。

Serrano Chilli 體形較長，表皮為紅色，味道極辣。

塔巴斯哥辣醬 是種由辣椒、鹽和醋製成的醬汁，流行於紐奧良。這種醬汁很辣，在克里奧爾、加勒比海和墨西哥地區料理，但無論如何，它都需要加熱幾分鐘後再使用。

Yellow Wax Chilli 這種辣椒的表皮顏色依其辣度由低至高，分別為淺黃色至綠色。

↓ Ancho Chilli（左）；Anaheim Chilli（木板上）

採購與保存

某些辣椒即使是最新鮮狀態表皮都有皺起，所以無法單靠表皮來判斷辣椒的新鮮度。好的辣椒外表應該沒有瑕疵，不要挑選已經變軟或有碰傷的。

辣椒因為含有辣椒素所以很辣，不僅各品種辣椒的辣椒素含量不同，甚至同一品種的不同植株也都不同，含量多寡取決於生長環境。若某種辣椒為了生存，越是努力地爭取光照、水分、養分等，則其辣椒素含量就越高。

因此，儘管某些辣椒品種原本就比其他品種辣，但想要在品嘗前就判斷出辣椒有多辣是不可能的。綠辣椒真的比紅辣椒溫和嗎？其實不盡然：一般來說，紅辣椒受光照的成熟期比較長，充足的陽光會讓它們變得更甜。

辣椒可以放入塑膠袋，在冰箱中保存幾天左右。

處理

辣椒素集中在髓質中，故需用刀去掉辣椒的髓質和籽（見下圖），若愛吃辣則可不去。辣椒素對皮膚和眼睛都有刺激性，故在處理辣椒時一定要小心，可戴上手套或處理完後把手徹底洗淨，若此時用手揉眼睛，即使已經仔細地洗過手，眼睛仍會感到疼痛。

烹調

辣椒是墨西哥料理的重點，很難想像會有不含辣椒的墨西哥菜。其實，世界上許多美食都對辣椒抱持著同樣的熱情，在咖哩印度和中東地區的料理中，辣椒是必備食材；而加勒比海和克里奧地區的料理中也廣泛地使用辣椒。

若能接受辣味食物，那就可以盡量加入辣椒，但仍需酌量添加，因一旦放多了，辣味可就除不掉了！

大蕉與綠香蕉 Plantain and Green Banana

香蕉是名副其實的水果，基本上只作為甜點或水果食用，但因為美味可口，經常用於前菜或主菜，所以香蕉被認為屬於蔬菜應是合情合理。

種類

大蕉 果肉較粗糙，但比香蕉美味，且大蕉較大也較重些。大蕉的顏色會依成熟度變化，初為綠色而漸漸轉黃，完全成熟時會有斑駁的黑點。

綠香蕉 只有少數幾種綠香蕉被用於非洲和加勒比海地區的料理。在西方國家的超級市場中常見「略帶青色」的香蕉，只是未成熟的普通食用香蕉而已，所以如果需要用綠香蕉入菜，最好是到西印度餐館或非洲餐館去尋找。

↑ 大蕉

處理

大蕉 尚未成熟的大蕉不能生吃，而且除非熟透，否則很難除去大蕉的表皮首先把大蕉切成小段，然後沿著果實的稜線劃開每一小段的表皮，輕地把皮與果肉分開直至完全剝離（見下圖）。已去皮的大蕉可以橫向切成薄片或切成小段後油炸，或放入烤箱烘烤。和香蕉一樣，若果肉曝露在空氣中則會慢慢變色，因此，若不立即烹煮則請在果肉上撒些檸檬汁，或浸泡鹽水。

綠香蕉 和大蕉的處理法差不多，因為綠香蕉和大蕉一樣不能生食，一般需用水煮熟後食用。連皮或不連皮煮都可以，需視食譜而定。

← 綠香蕉

若要做成油炸綠香蕉片的話，就總切成薄片（見下圖）。

要烹煮帶皮的大蕉或綠香蕉時，需先沿稜線縱向劃開表皮，再放入裝有鹽水的深平底鍋，加熱煮沸後以小火燉約20分鐘直到變軟，冷卻後，比較能輕易地去掉表皮並切片。

烹調與食用

綠香蕉和大蕉風味極佳，在許多非洲和加勒比海地區的料理中，多用於烘烤或油炸，拌上一點鹽就能食用。將煮熟的大蕉或綠香蕉，切成薄片，再加上一些洋蔥，就是一道簡單的沙拉。或配上芒果、酪梨、萵苣和對蝦，就能做出精緻的 gado gado salad。

大蕉也能用來烹煮美味鮮湯，多與甜玉米一起烹煮。烹煮時，先可將洋蔥和大蒜略微油炸，再放入兩條已經去皮且切成薄片的大蕉，亦可依個人喜好加一些番茄。將這些食材一起以油小火炸幾分鐘後，倒入蔬菜高湯直到淹過食材，同時放入 1-2 條切片的辣椒和約 175 公克的甜玉米，最後以文火燉至香蕉變軟便可起鍋裝盤。

阿奇果 ACKEE

阿奇果是種熱帶水果，可用於烹煮多種美味佳餚，在原產地加勒比海地區十分受歡迎，表皮呈明亮的紅色，成熟時果實會裂開，露出三顆黑色的籽，以及乳白色、柔軟，炒蛋般的果肉。

阿奇果有淡淡的檸檬味，傳統煮法是配上鹹魚烹煮，這也是牙買加的名菜。注意：一定要買熟透的阿奇果，因為生阿奇果的某些部分具有毒性。

除了加勒比海地區外，通常只能發現罐裝的阿奇果。不過，大多數的食譜也只需要罐裝阿奇果，它們確實是新鮮阿奇果的良好替代品。

牙買加人經常在蔬菜和豆類料理中加入阿奇果以增添風味，罐裝的阿奇果基本上不必烹煮，所以只需在料理起鍋前幾分鐘加入即可。另外，若是炒阿奇果的，則需注意火候和時間，因為它很容易裂開。

↓ 罐裝阿奇果

酪梨 Avocado

酪梨有多種別名，如「牛油果」、鱷梨或 alligator，顯而易見，酪梨因其綿軟的口感而被稱做「牛油果」，alligator 則是酪梨原本的西班牙語名。

歷史

酪梨的原產地為墨西哥，儘管它是被舊大陸的探險家們所「發現」的，但直到 20 世紀中葉，酪梨才開始流行於歐陸。現代化的運輸工具讓早在 19 世紀中葉就開始種植酪梨的加州果農，可以在全世界銷售這種水果。現在南非和澳洲也有酪梨出口。

營養價值

酪梨含豐富的蛋白質、碳水化合物、鉀、維生素 C、B 群和 E，也是少數含有脂肪的水果。酪梨富含油脂，特別是維生素 E 群物質，所以不僅是種有用的食物，還可以用來保養皮膚和頭髮。這一特點，阿茲提克人和印加人早在 1,000 年前就知道了，雖然當時的化妝業可能還處於萌芽階段，但還是頗瞭解酪梨的好。

酪梨的蛋白質和維生素含量均高，使得它成為頗受歡迎的嬰兒食品。酪梨很容易攪拌，小孩子們都很喜歡它奶油般的口感和可口的味道。

種類

酪梨有四個品種：紫黑色、表皮有疙瘩，較小的哈斯酪梨；呈梨形、表皮光滑的綠色 ettinger 酪梨和福阿特酪梨以及較圓的 Nabal 酪梨。紫黑色的哈斯酪梨有著金黃色的果肉，而綠皮的 ettinger 酪梨和福阿特酪梨的果肉顏色則為淡綠色和黃色。

採購與保存

購買酪梨最大的問題就是只能買到未成熟的酪梨。大多時候，酪梨硬得像石頭一樣，熟過頭了，又軟又濕。所以，最明智的做法應是：在使用前幾天就買回家，生酪梨在室溫下 4-7 天內便會成熟，一旦成熟了，就能在冰箱裡保存好幾天，不過要是想吃到最佳狀態的酪梨，最好提前計劃一下採購與保存的時間。

如果無法做到，就只好祈禱自己的運氣好，能買到熟酪梨。好的酪梨果皮應該乾乾淨淨，而且沒有瑕疵和任何褐色或黑色斑點。成熟的酪梨具有一定的彈性，用手擠壓時會縮小一些，但不會像已經過熟時縮得那麼多。切勿購買熟過頭的酪梨，因為酪梨過熟的果肉呈難看的棕色，且能被拉成一絲一絲的長條，即使是好不容

↓　從右邊開始，順時針方向依序為福阿特酪梨、哈斯酪梨、Nabal 酪梨

易「搶救」出來的一點點好果肉也會爛爛、濕濕的，最多只能用來做醬汁。

處理

雖然酪梨只是種普通的水果，但是處理方法卻相當麻煩，酪梨一旦剝了皮會變得很滑難以抓握，此時若要去籽簡直難如登天。

若要把酪梨切成薄片，則需以利刃將酪梨剖開後，挖出籽，再將酪梨的果肉連皮切成薄片後，再去皮會較容易些。

酪梨果肉若曝露在空氣中則會慢慢變色，所以請記得在切好的薄片上撒些檸檬汁。

烹調

生酪梨亦可用來烘烤或燒烤後食用，還能用於炒菜或淋了醬汁的菜餚。

食用建議

和對蝦（明蝦）或醋油醬一樣，半顆酪梨也能與切碎的番茄、黃瓜，淋上溫和的大蒜乳酪醬或與酸奶油馬鈴薯沙拉搭配食用。

酪梨、番茄和馬自拉乳酪都切成薄片後，簡單地撒上橄欖油、萊姆汁和大量黑胡椒粉，便是一道美味的料理。

酪梨還能切成塊後放入沙拉，或製成可口的醬汁。在盛產酪梨的墨西哥，有許多以酪梨入菜的料理，其中以酪梨沙拉醬最有名。

酪梨也可用來煮湯或燉菜；另外，酪梨還可以做墨西哥玉米捲餅和塔可烤餅的裝飾。

麵包果 Breadfruit

麵包果樹是一種熱帶的樹木，生長在南太平洋的小島上，這種樹的果實就是麵包果，果皮粗糙，果肉色淡，粉質口感。

處理

需要先削皮去籽後，才能夠食用。

烹調

麵包果可如馬鈴薯般料理：果肉可以水煮、烘烤或油炸。

麵包果是太平洋島國人民的主食，一般是把麵包果烘熟後，曬乾，磨成粉後再用來製作餅乾、麵包和布丁。成熟的麵包果味道香甜，口感柔軟。

↑ 麵包果

沙拉蔬菜

萵苣

芝麻菜（箭生菜）

菊苣

紅菊苣

縐葉苦苣和茅菜

蘿蔔

豆瓣菜

芥菜和水芹

萵苣 LETTUCE

萵苣有別於其他蔬菜的特點在於：只能以生鮮蔬菜的形式出售。

歷史

萵苣已有數千年的種植歷史，在古埃及時期，萵苣是被裝在缽裡呈獻給「生產及收穫之神——敏」的祭品；另外，萵苣還被古埃及人當作是一種強效春藥。

但在希臘人和羅馬人心中，萵苣的功效正好相反，他們認爲萵苣可以催眠，使人昏昏欲睡。

今日科學家已證實萵苣有類似鴉片的催眠效果，在中藥裡，萵苣則被用來治療失眠。

種類

萵苣有上百個品種，可在市場購得的品種越來越多，它們能提升沙拉的顏色和質感。

球狀萵苣 ROUND LETTUCE

外表很像甘藍菜，所以又被叫做結球萵苣或卷心萵苣。常見的品種有：

奶油萵苣 這種經典的食用萵苣，有白色的菜心，葉片鬆軟，包裹得不緊密。新鮮的奶油萵苣有種很好聞的味道。

Crisphead 像脆葉萵苣一樣，葉片質地很脆，保鮮期長，即使奶油萵苣已枯萎了，

↑ 奶油萵苣
↓ 紅色皺葉萵苣

Crisphead 仍很新鮮。

散葉萵苣 散葉萵苣沒有菜心，葉片鬆散。儘管散葉萵苣的味道不特別，但外觀很華麗。

長葉萵苣 COS LETTUCE

歷史上提到的萵苣就是長葉萵苣。它有兩個名字，長葉萵苣是羅馬人取的；蘿蔓生菜則來自法國人。長葉萵苣分爲兩種，都有長而直的葉片。

長葉萵苣 這一品種被公認為最好吃的萵苣，它紋理密實，口感有點像堅果，是用來製作凱撒沙拉的最佳食材。

Little Gem 外觀像沒長大的長葉萵苣，又有點像葉片很緊的奶油萵苣。菜心堅實，口味獨特，和其他萵苣一樣，烹調後味道極佳。

野苣或羊萵苣
LAMB'S LETTUCE OR CORN SALAD

這種蔬菜在冬天較常見，但並不是萵苣家族（屬於敗醬草科）。由於野苣也是沙拉的好食材，所以歸於萵苣家族也不為過。法國人稱它 mâche，匙狀的葉子有種堅果味。

↑ 羅蔓生菜

↓ 野苣

↓ Little Gem（長葉萵苣的一種）

營養價值

萵苣富含維生素 A、C、E、鉀、鐵、鈣以及其他微量元素。

採購與保存

從菜園裡直接採摘的新鮮生菜最佳，其次的是在農場購買的（因使用了農藥和殺蟲劑，故味道會比天然的差些。）

今日萵苣在販售時多已包裝。不管買的是加工過的萵苣還是整棵萵苣，都需注意新鮮度。泥土和小蟲子可以洗掉，但葉子變黃的萵苣就毫無用處了。萵苣需趁鮮品嚐，可以保存於冰箱的蔬菜冷藏抽屜或陰涼處。

↑ 櫟葉萵苣

製作沙拉

製作沙拉時可以選擇葉子質地、顏色和口感對比的品種。新鮮蔬菜，如巴西利、胡荽、羅勒都是不錯的配料。

葉片鬆散的萵苣較適合撕開，脆葉萵苣和其他較大的萵苣則多切絲，且處理好後要儘快食用。

在醬汁中加入一點點味道強烈的調味料，味道會非常好，而且沒有澀味。將食材以食物調理機或大碗充分攪拌，並使用最好的油和醋，比例約為 5：1，也可以檸檬汁代替醋，油則使用橄欖油和葵花油等量調配。若想要更好的口感，則可混合核桃油和葵花油，記得一定要撒入少量鹽和胡椒粉，還可以加入一點法式芥末，但加糖會使味道變淡。

注意！請於上菜前才淋醬汁——切勿提前。

↓ 縐葉苦苣

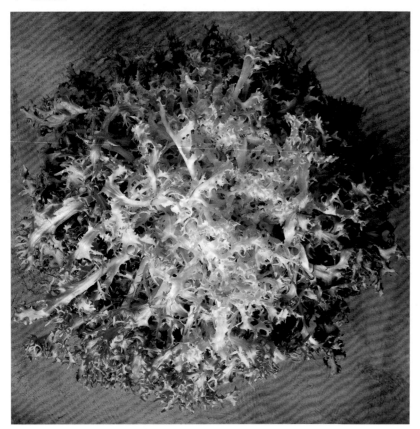

芝麻菜（箭生菜） Rocket

芝麻菜有種胡椒味，是蔬菜沙拉的絕佳食材。芝麻菜葉很小，綠油油的，形狀像西洋蒲公英葉。希臘人和羅馬人經常在沙拉中加入芝麻菜，以便平衡萵苣對性能力的抑制作用。

在古代就有芝麻菜催情作用的記錄，人們通常將其種在掌管生殖、花園和植物保護者的普里阿普斯神像周圍，祂是希臘神話中美之女神阿芙羅狄蒂和酒神狄俄尼索斯的兒子。

採購與保存

超市既有販售拌成沙拉的芝麻菜，也有新鮮芝麻菜。新鮮的芝麻菜購買後需儘快食用，亦可泡在冷水中保存。

處理與食用

去掉顏色異常的葉子後，芝麻菜可以加入普通的蔬菜沙拉，也可以和大蒜、松仁一起磨碎，加入橄欖油，作爲義大利麵醬汁。

因芝麻菜味道很濃，故只需少許效果就不錯，算是很好的調味食材。芝麻菜和烤山羊乳酪一起食用，或在三明治裡夾一兩片菜葉，又或與番茄、酪梨、花生、綠豆芽一起包在Pitta麵餅裡，味道都很好。

↓ 芝麻菜

菊苣 Chicory

18世紀，歐洲人種菊苣是為了獲得菊苣根，再加入咖啡中。一位名叫 M. Brezier 的比利時人首先發現菊苣的白色葉子可以食用，但他始終守著這個秘密，直到他死後秘密才被公開，漸漸地菊苣成為廣受歡迎的蔬菜，從比利時傳遍整個歐洲。

在通行於比利時東北部的荷蘭語方言的「佛蘭芒語」裡，它被叫做 witloof，意為「白色葉子」，它葉子蒼白的程度取決於生長環境的黑暗程度，且葉子越白，苦味越輕。

菊苣可生食，但多烹調後食用，如烘烤、翻炒或水煮，如欲生食則需剝下葉子，搭配能中和其輕微苦味的水果，如柳橙或葡萄柚一同食用。

紅菊苣 Radiccho

是野生菊苣的變種之一，看上去就像棵小萵苣，深酒紅色的葉子有明顯的乳白色葉脈。形成這種外觀要歸功於精心的遮蔽，若生長期間完全處於遮蔽狀態，葉子會變成大理石粉色，如果部分暴露在陽光下，就會有綠色或紅棕色的斑點。

它的味道後勁有點兒苦甘，但搭配蔬菜沙拉的味道卻很好。可以翻炒或煮著吃，成熟時，葉子會變成深綠色。

縐葉苦苣和茅菜
Curly Endive and Escarole

無論口感或味道，它們都是製作沙拉的好食材。縐葉苦苣外觀就像綠色的頭髮，而茅菜葉則是寬平的，二者都有獨特的苦味。混合二者後放入醬汁後裝盤，苦味會大大減弱，同時為沙拉增添美味。

處理

處理菊苣時，用利刃從底部去掉菜心（見下圖），去掉枯萎或爛掉的葉子，徹底洗淨並晾乾。

↓ 菊苣

菊苣、紅菊苣和苦苣

菊苣、紅菊苣、苦苣和茅菜都是近親，一起品嘗時能輕易分辨出它們特有的味道。

各國對它們的稱呼都不太一樣，它們就常被稱作比利時苦苣或法國苦苣，而法國菊苣與比利時菊苣則多被稱作英國縐葉苦苣。

↑ 紅菊苣
↓ 茅菜

處理沙拉用葉菜

從莖上撕下葉片，去掉枯萎和有損傷的。

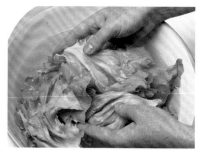

以大量冷水浸泡並輕輕揉搓，確保塵土和小蟲子都已被水洗掉。

將洗好的葉片放在柔軟的餐巾上輕輕拍乾。

以乾餐巾包裹菜葉，放入大塑膠袋內，在冰箱中冷藏一小時左右。

蘿蔔 Radish

蘿蔔有一種辣味，咬上一口，這味道會直入鼻孔。蘿蔔的辣味取決於蘿蔔品種與生長的土壤。剛採收的蘿蔔味道最好，口感也最脆。

種類

蘿蔔有許多不同的品種，無論是小紅蘿蔔還是白蘿蔔，都廣泛種植於世界各地。

紅皮白蘿蔔　這種蘿蔔看來像一顆顆的小紅球，它有許多別稱，如櫻桃蘿蔔和 Scarlet Globe，但販售時，通常就被簡單地叫做蘿蔔。紅皮白蘿蔔全年有售，表皮為桃紅色，有的根部淺白，白色果肉堅實。春天採摘的紅皮白蘿蔔辣味較淡，可以生吃。將紅皮白蘿蔔切片後和奶油一起夾在麵包裡，就是非常美味的冷盤。

French Breakfast Radish 這個品種有紅色和白色，比紅蘿蔔略長，味道比英國蘿蔔淡。這種蘿蔔在法國很受歡迎，可以單獨吃，也可以和其他蔬菜一起做成蔬菜沙拉。

白蘿蔔　有時被稱為東方蘿蔔，白蘿蔔的白色表皮光滑、體長。商店販售的品種味道比紅蘿蔔的淡，也許是因為在長期貯存的過程中味道變淡了（直接在菜園裡採摘的白蘿蔔就辣得多）。可以直接生吃或醃製，也可以翻炒。

↓　紅皮白蘿蔔

↑　French Breakfast Radish（蘿蔔的一種）

採購與保存

　　紅皮白蘿蔔要買葉片脆而
挺；白蘿蔔則要買帶有葉子。
因為葉子容易枯萎，所以成為
蘿蔔的新鮮度指標。葉子要呈
綠色且有生氣，表皮要乾淨，
沒有擦傷或污點。它們可以在
冰箱中儲存一段時間。

處理

　　紅皮白蘿蔔只要洗淨就能
食用，或切片，或整顆食用，
拌入沙拉也不錯。可以利用其
特色，切片和柳橙、核桃或一
點芝麻菜拌成沙拉，加入一點
核桃醋油醬。炒菜時可以加入
切片的白蘿蔔，記得在起鍋時
放入，如此不僅料理的味道會
更好，而且還增添了美味的湯
汁和爽脆的口感。

白蘿蔔　

125

豆瓣菜 Watercress

豆瓣菜大概是所有沙拉蔬菜中味道最濃郁的，一把豆瓣菜就足以為平淡無奇的蔬菜沙拉添上畫龍點睛。它獨特的「生鮮」味，同時有胡椒和辣椒的辣，配上明亮的綠色葉片，構成極佳的裝飾。

豆瓣菜生長在水中，且只能生長在石灰岩層的泉水，豆瓣菜最早在歐洲培植，現已傳遍世界。

山芥 Winter Cress

也叫作旱芥，在沒有流動水時，常作為豆瓣菜的替代品種植。它看來比豆瓣菜粗壯，味道也相似，不同的是山芥有點胡椒的辣味。能用豆瓣菜的料理都可以用旱芥取代，不論是沙拉或湯。

營養價值

豆瓣菜富含維生素 A、B2、C、D 和 E，而且還富含鈣、鉀和鐵，以及一些重要的硫化物和氯化物。

採購與保存

只買外觀新鮮的豆瓣菜，以葉片大，顏色深最好，不要買葉片枯萎發黃的。在冰箱中可以儲存一段時間，不過最好用一只盛滿水的大碗浸泡，或放入一罐水中並置於陰涼處。

↑ 豆瓣菜　↓ 山芥

準備和烹調

去掉黃葉，切去粗壯的莖，口感會太粗糙，細小的嫩莖可以拌入沙拉。

用於湯或濃湯時，無論是放入生菜葉或是以高湯、牛奶或水簡單烹調，都會損失其營養。不過豆瓣菜煮熟後，它的澀味會減弱，但不會減損其獨特的胡椒味。

芥菜和水芹 MUSTARD AND CRESS

全年生長的芥菜和水芹通常多一起生長，具辣味的綠葉既可作為裝飾，也可用來製作沙拉。

芥菜苗比水芹早發芽 3-4 天，所以在超市裡購買芥菜和水芹，或在自家窗臺上種植時，往往先看到芥菜苗。

歷史

水芹最早是波斯人種植，已有幾千年歷史，傳說波斯人在烤麵包前要先食用水芹，另外還有些證據也表明古代人們在吃麵包時會佐以水芹。

食用

今日，芥菜和水芹多夾在三明治中食用，簡單地夾在塗了奶油的麵包，或再加上酪梨和黃瓜。沙拉中只放水芹是絕對不夠的，是它淡淡的辣味可使平淡的蔬菜沙拉變得更加美味，只要再加入一點橄欖油和茵陳蒿醋即可。

↑　芥菜苗

水芹苗　→

127

蘑菇類

洋菇

草原野菇

各種菇類

野蘑菇與其他菇類

洋菇 Button Mushroom

早餐時，吐司配上煎蘑菇是人間美味。烹調後的蘑菇，尤其是油炸後，很快就會變得綿軟；當然它們的味道還不錯，但卻已遜色不少。

歷史

在過去，人們就將蘑菇與超自然力量聯繫在一起，即使在今天，它們與神秘部分的聯繫仍然沒有完全消失。

蘑菇形成的仙人環奇蹟似地在一夜間，出現於叢林和田野，人們認為是雷聲帶來新鮮的蘑菇。

許多蘑菇和蕈類若不是有毒，就是食用後會引起幻覺。過去，人們曾經為了邪惡的目的而提煉蘑菇的毒素。

一直以來，人們用蘑菇一詞專指可食用的蕈類，而用毒菇指有毒的蕈類，但這種分類不僅沒有科學根據，且實際上沒有特定標準可區分有毒和無毒菇類。除非能分辨出可食用的蕈類，否則不要任意採摘。法國的秋天，人們會將自己採集的蕈類帶到當地藥局檢測。

種類

洋菇 人工栽種的洋菇在商店裡隨處可見，通常在還非常嫩時就被出售。稍大的蘑菇被稱作閉合帽狀蘑菇，更大的則稱開放帽狀或開放杯狀蘑菇。它們的蕈傘呈象牙色或白色，另外還有一點淡紅色或淺褐色點綴其間，成熟時蕈傘的顏色會變暗。所有的蘑菇都有著讓人愉悅的淡淡清香。

Chestnut Mushroom 有著更厚實的蕈柄，以及顏色更暗的淺褐蕈傘。蘑菇味比洋菇明顯，口感也更豐富。

採購與保存

判斷洋菇是否新鮮的方法非常簡單，新鮮洋菇其蕈傘乾淨、潔白，沒有傷痕或瑕疵。它們在貨架上停留的時間越長，蕈傘的顏色會變得越暗，甚至褪色，而粉紅色的蕈褶則會變成褐色。

購買新鮮菇類時請使用紙袋包裝，因為菇類放在塑膠袋中會有水氣滲出，甚至變得滑溜，而讓人失去食慾。如果別無選擇，購買了塑膠袋包裝的菇類，那就需儘快地分散放置在冰箱的最底部。不過即使如此也只能保存 1-2 天。

處理

菇類不能水洗，只能用濕布或廚房專用紙擦拭（見下圖）。原因在於無需再提高它們的含水量，且油炸時，應盡可能保持乾燥。

雖然蕈柄根部可能需要修剪，但除非表皮已經嚴重褪色，否則沒必要去皮。

↓ 洋菇

草原野菇 FIELD MUSHROOM

烹調

　　菇類主要是由水份構成，烹調時縮水的程度也顯而易見的，菇類也非常吸油，因此油炸時最好選用奶油或品質較好的橄欖油。煎菇類時，請將火調到適溫，以使菇類的水份完全蒸發，免得浸泡在湯汁中。同樣的道理，請不要在同一只平底鍋裡放入太多菇類。

　　本書中大部分的烹調法都以油煎的菇類為基礎材料，但它們也是可以替換的，如可以洋菇代替草原野菇或 Chestnut Mushroom。

↑　Chestnut Mushroom（蘑菇味道比洋菇明顯），有開放式帽狀與杯狀蘑菇
↓　草原野菇

　　草原野菇是人工培育蘑菇的野生親緣種，烹調時有種奇特的芳香。雖然無法從外表分辨出扁平洋菇，但扁平洋菇已能進行人工種植，而且十分美味。雖然美食家們聲稱只有野生蕈類才香，但許多人並不贊同這種觀點。儘管如此，若您知道能在哪裡找到蘑菇，那就在心中保守這個秘密，並暗自慶幸自己的好運吧！

採購與保存

　　有時能在秋季的農場小店裡買到剛摘下不久的蕈類，所以除少數明顯枯萎的之外，大多十分新鮮。不需介意某些部分的破損，反正最後都要切成薄片，且購買後請儘早食用。

↓　扁平洋菇

處理

　　若有必要，請修剪一下蕈柄底部，並用濕布擦拭，依食譜切成薄片。

烹調

　　蕈類只需放入奶油或橄欖油中煎炸即可，亦可依個人喜好加一些大蒜，除此之外，不需任何其他複雜的程序。草原野菇和扁平洋菇一樣，也能做為湯或其他任何菇類料理的食材。草原野菇的顏色比洋菇暗，因此會讓湯和醬汁變成褐色，但味道卻是美妙至極。

　　做為餡料時，請先用文火將蕈傘煎幾分鐘，剁碎蕈柄後放入填料中或用來煮高湯。

各種菇類

種類

石蕈 它在法國很流行，人們將其稱之為 cépes，義大利人們則叫它 porcini。這種粗壯的圓蘑菇表面就像是粗糙的軟皮革，但味道很好。蕈傘沒有蕈褶，而是海綿質地的構造。若石蕈不嫩的話，最好刮去表皮，以免在烹調時變得黏濕。將石蕈放在奶油或其他油中煎烤，待水份蒸發後再加上煎蛋捲絕對美味可口。

此外，還有一種義大利式烹調法：除去石蕈海綿狀的蕈柄，將橄欖油塗抹在石蕈頂部，以烤架烤約 10 分鐘，翻面後在石蕈中心倒入橄欖油，撒上少量大蒜，再烤 5 分鐘左右，撒上調味料和羅勒即可。

雞油菌 蜷曲、喇叭狀的雞油菌是一種非常嬌嫩的蕈類，顏色從奶油色到鮮黃色不等。多天的雞油菌，其暗色的蕈傘下長有淡紫色並帶點灰色的蕈褶。雞油菌口味鮮美，略帶水果味，口感則厚實有韌性，但很難清洗。因蕈褶裡往往藏著砂礫和泥土，可以流動冷水輕輕沖洗後甩乾。烹調時需用奶油，剛開始時火候不宜太大，以便使其滲出水份，再升溫將其煮熟。雞油菌和炒蛋一起食用，或搭配切片吐司都很美味可口。

↓ 從上方依順時針方向：美味的牛肝菌、喇叭菌、雞油菌

↑　羊肚蕈　　↑　乾蘑菇

喇叭菌　這種菇因其形狀而得名，顏色從褐色到黑色不等，因菌傘上有凹陷，為求清洗乾淨需仔細刷洗，若較大則需切開清洗。這種菇類的吃法眾多，但若和魚一起烹調則格外美味。

羊肚蕈　這種蘑菇堪稱全年蘑菇之首，因其不僅出現在秋季，春季也有。北歐斯堪的那維亞半島的人們稱它為「北方的松露」，而且歸入可食用蕈類。羊肚蕈呈圓錐形，帶有捲曲海綿狀且中空的蕈傘，烹煮前需以流水仔細沖洗，因為蟲子很可能潛伏在其深色的蕈褶中。烹調時需耗費的時間比其他大部分蘑菇都長：首先將它用奶油快速翻炒後加入一些檸檬汁，加鍋蓋慢燉約 1 小時，直到變軟，最後再以奶油或蛋黃勾芡。

乾蘑菇　大部分草原野菇都以乾貨販售，為使其回復原狀，需以溫水泡約 20-30 分鐘。若是如羊肚蕈般，需煨燉的蘑菇，則只需浸泡約 10 分鐘。乾的草原野菇，尤其是洋菇都有一股濃郁的香味。

↓　冬季的雞油菌

野蘑菇與其他菇類

在東歐、義大利和法國，採摘蘑菇是季節性的活動，英國也日趨流行。法國則特別熱衷於此項活動：秋天時，法國人會全家出動前往秘密地點，在地面上仔細搜尋毛木耳、石蕈之類的好東西。現在一般超市也能買到野蘑菇。

杏鮑菇 Oyster Mushroom

這種耳朵狀的蕈類生長在腐爛的樹木上，其蕈傘、蕈褶和蕈柄的顏色一致，有灰棕色、粉紅色或黃色。雖然杏鮑菇被認為是草原野菇的一種，但已被廣泛栽種。不論味道或口感，杏鮑菇都堪稱佳品，雖然杏鮑菇比洋菇軟些，但看來卻更堅實且更有嚼勁。

↑ 粉紅色和黃色杏鮑菇
↓ 灰色杏鮑菇

採購與保存

新鮮杏鮑菇應是直挺且有清晰條紋和平滑的蕈傘。出售時會用玻璃紙包裝並裝入塑膠盒中，若在貨架上放置太久，則杏鮑菇很快就會枯萎甚至變得黏滑，所以買回家後，請盡快從塑膠包裝中取出並盡早食用。

處理

杏鮑菇通常不需修剪，但若太大則最好用手撕成小片，而不用刀切。很大的杏鮑菇其蕈柄粗硬，應棄而不食。

烹調

用奶油煎到變軟所需的時間比洋菇短些，但注意千萬不要煮過頭，否則會失去香味，柔軟的口感也會變得堅韌。

香菇

這種日本蕈類各大超市購得，它們是眾多樹菇的一種，菇肉肥厚細嫩，略帶酸味，口感非常滑潤。香菇不像洋菇快速炸過即可食用，而是得徹底煮熟，但也僅需 3 - 5 分鐘左右；可把香菇加入蔬菜中，以大火翻炒，其味道與口感肯定令人滿意。另一種烹調法是將香菇油炸至變軟後，淋上芝麻油與大豆一起食用。

金針菇

這是另一種日本蕈類，原為野生品種。金針菇表皮呈橘棕色，蕈傘明亮有光澤，但在日本以外的其他地方，只能找到大頭針般大小蕈傘的人工栽培種，雖然口味也很不錯，但卻是雪白色的。這種蕈類香甜可口，有著類似水果的味道；在日式料理中，多是放入沙拉或作為湯和配菜的裝飾。若煮過頭，則金針菇會變得很硬，所以建議在烹調的最後幾分鐘再加入金針菇。

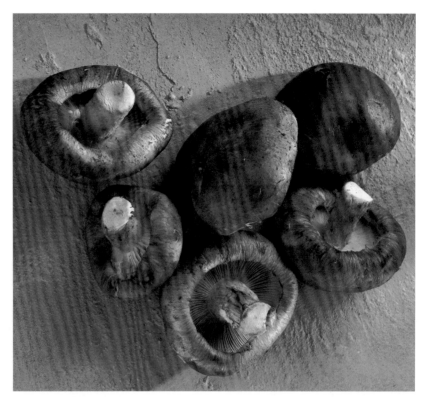

↑ 香菇
↓ 金針菇

蔬菜料理食譜

洋蔥和青蒜料理

芽菜根莖類料理

塊根類料理

葉菜類料理

豆類與其種子料理

南瓜屬植物料理

果菜類料理

沙拉蔬菜料理

蘑菇類料理

洋蔥和青蒜料理

費他乳酪烤洋蔥 Baked Onions Stuffed with Feta

4 人份

材料

大型紅洋蔥 4 顆

橄欖油 1 大匙

松子 25g

費他乳酪 115g，磨碎

麵包粉 25g

新鮮香菜 1 大匙，切碎

鹽及現磨黑胡椒

1.烤箱預熱到 180 ℃，烤盤抹上少許油，剝去洋蔥外皮，切去頭尾後整顆放入裝有沸水的燉鍋中煮 10-12 分鐘直到變軟。以漏勺取出，放在廚房紙巾上瀝乾待涼。

2.挖出洋蔥中心並細細切碎，留下外圈 2-3 層，置於烤盤上。

3.以中型炒鍋熱油並把洋蔥末放入鍋中炒 4-5 分鐘，直到變成金黃色時加入松子，轉大火再炒幾分鐘。

4.費他乳酪置於小碗中，加入洋蔥、松子、麵包粉和香菜，再以鹽和胡椒調味。最後再裝入洋蔥中，以鋁錫箔紙蓋住，放入烤箱烤 30 分鐘，於最後 10 分鐘除去鋁箔紙。

5.可與熱的青橄欖麵包一同做為簡易午餐的開胃菜。

山羊乳酪洋蔥塔 Onion Tarts with Goat's Cheese

此料理源自法國傳統料理的 tarte à lóignon，以味道清淡的山羊乳酪代替奶油，可增添洋蔥的口感，可作成 8 人份的小塔或一個 9 吋的派。

8 人份

材料

塔皮：

中筋麵粉 175g

奶油 65g

切達乳酪 25g，磨碎

餡：

橄欖油或葵花油 1-1.5 大匙

洋蔥 3 顆，切末

山羊乳酪 175 g

雞蛋 2 顆，打散

淡味鮮奶油 1 大匙

切達乳酪 50g，磨碎

新鮮龍蒿 1 大匙，切碎

鹽及現磨黑胡椒

1.塔皮：麵粉倒入碗中，加入奶油攪拌成碎屑狀，再加入乳酪和冷水製成麵團，並放入塑膠袋中冷藏，烤箱預熱至 190 ℃。

2.工作台上撒些麵粉再將麵團桿平，以 4.5 吋模型切成 8 塊，再鋪在 8 個 4 吋塔模。用叉子在底部扎出孔洞，放進烤箱烤 10-15 分鐘直至塔皮變硬，但顏色並未變深，再把烤箱溫度降到 180 ℃。

3.內餡：熱油後以小火翻炒洋蔥約 20-25 分鐘，需不時攪拌以防焦掉，直到變成金褐色。

4.混合雞蛋和切達乳酪，加入鮮奶油、山羊乳酪、龍蒿，以鹽和胡椒調味，並加入洋蔥攪拌。

5.將餡料填入塔皮中，以烤箱烘烤 20-25 分鐘至顏色呈金黃色。冷熱均可與沙拉一起食用。

法式經典洋蔥湯 Classic French Onion Soup

精心烹調的法式經典洋蔥湯中，煮成焦糖色的洋蔥味道極其鮮美，是適合於冬季享用的湯品。

4人份

材料

大洋蔥4顆
葵花油或橄欖油2大匙，或各
1大匙
奶油25g
牛肉高湯900ml
法國麵包4片
葛瑞爾乳酪或切達乳酪40-
50g，磨碎
鹽及現磨黑胡椒

1. 洋蔥去皮切成四塊，再切成
0.5cm大小。以中型深鍋加熱油
和奶油，並倒入洋蔥翻炒。

2. 洋蔥炒幾分鐘後，轉小火燉45-
60分鐘，期間需不斷攪拌，尤其
在顏色由金黃轉褐色時，需加快
攪拌速度，以防洋蔥焦掉。

3. 當洋蔥變成深紅褐色時，加入
牛肉高湯並稍稍調味，半蓋鍋蓋
煮30分鐘後，依個人口味調味。

4. 預熱烤箱並烘烤法國麵包，將
湯盛入四個耐熱盤中，各放入一
片麵包，撒上乳酪，以烤箱烤至
麵包變金黃即可。

烹調小技巧

烹煮此湯品時，需使用中型
鍋子，因中型的鍋具才能讓
洋蔥厚厚地鋪滿鍋底。

泰式炒米粉 Thai Noodles with Chinese Chives

此道料理需花上一些時間準備食材，但是烹調過程卻很迅速。把所有的材料放入炒鍋後，攪拌一下，很快就可品嘗到美味的料理。

4 人份

材料

乾米粉 350g

鮮薑 1㎝長，磨碎

淡色醬油 2 大匙

植物油 3 大匙

素肉 225g，切丁

蒜 2 瓣，拍碎

大型洋蔥 1 顆，切片

炸豆腐 115g，切薄片

青辣椒 1 條，去籽切碎

綠豆芽 175g

韭菜 115g，切成 5㎝長

烤花生 50g，磨碎

深色醬油 2 大匙

新鮮香菜 2 大匙，切碎

檸檬 1 顆，切片

1.米粉以熱水泡 20-30 分鐘後瀝乾，另一碗中加入薑、淡色醬油、1 大匙植物油，和素肉一起攪拌後靜置 10 分鐘，瀝出汁備用。

2.以炒鍋加熱 1 大匙油，將蒜爆香後加入素肉，以大火炒 3-4 分鐘，盛出備用。

3.再度熱油，以大火翻炒洋蔥 3-4 分鐘至軟且顏色變深，再加入豆腐和青辣椒，以大火炒一下後加入米粉再翻炒 4-5 分鐘。

4.加入綠豆芽、韭菜和大部分的花生炒勻後，加入素肉、深色醬油與步驟 1 的汁即可裝盤，以花生、香菜和檸檬片作裝飾。

烹調小技巧

素肉使得這道菜成為一道素菜，但也可以薄豬肉片或雞肉取代，但一開始要先以大火炒 4-5 分鐘。

蒜蓉洋菇 GARLIC MUSHROOMS

大蒜和洋菇可以說是完美的組合，一定要趁熱食用，不需拘禮，一起鍋就可立即食用。

4人份

材料

葵花油2大匙
奶油25g
青蔥5根，斜切
蒜3瓣，拍碎
洋菇450g
麵包粉40g
新鮮巴西利1大匙，切碎
檸檬汁2大匙
鹽及現磨黑胡椒

1.以平底鍋熱油和奶油，加入青蔥和蒜以中火炒1-2分鐘。

2.加入洋菇以大火炒4-5分鐘，並不斷地翻炒。

3.加入麵包粉、巴西利、檸檬汁並調味，翻炒幾分鐘直到湯汁收乾即可起鍋。

烤全蒜 ROAST GARLIC WITH CROÛTONS

客人會驚訝於用烤全蒜作為開胃菜，但烤蒜的美味讓人難以抗拒，所以第二天他們就不會再和你計較「口氣」這件事了。

4人份

材料

蒜球2顆
橄欖油3大匙
水3大匙
迷迭香1枝
百里香1枝
月桂葉1片
海鹽及現磨黑胡椒

配菜：

法國麵包數片
葵花油或橄欖油，油煎用
山羊乳酪或軟乳脂乳酪175g
新鮮香草2小匙，切碎，如：
香牛至、巴西利和細香蔥

1.烤箱預熱至190℃，將蒜放入烤盤中，倒入油和水、迷迭香、百里香、月桂葉，撒上海鹽及黑胡椒，蓋上鋁箔紙烤30分鐘。

2.打開鋁箔紙，將盤中的湯汁淋在蒜頭上，再烤10-20分鐘直到蒜頭變軟。

3.鍋中加熱少許油，將麵包片的兩面煎成均勻的金黃色，再於碗中混合乳酪和香草。

4.切開烤好的大蒜並放入盤中，同時放入麵包片和拌有香草的乳酪，每顆蒜瓣都要去皮置於麵包上和乳酪一起食用。

檸檬醬青蒜冷盤 Leeks in Egg and Lemon Sauce

這種結合蛋與檸檬的醬汁與湯品均來源於希臘、土耳其和中東地區，此種醬汁的味道鮮美，能將青蒜的美味發揮到極致，但切記要選用嫩一點的青蒜。

4 人份

材料

嫩青蒜 675g
玉米粉 1 小匙
糖 2 小匙
蛋黃 2 顆
檸檬汁 1.5 顆量
鹽

1.青蒜修剪後切成數段，放入冷水中徹底沖洗。

2.將青蒜平放於大鍋底部，加水和少許鹽，加蓋慢煮 4-5 分鐘直到變軟。

3.青蒜取瀝乾後放到淺盤中，再準備 200ml 煮青蒜的湯。

4.混合玉米粉和煮青蒜的湯，倒入小鍋中後，以中火煮至湯汁變稠，期間需不停攪動。加糖後離火並放涼。

5.檸檬汁和蛋黃拌勻，再慢慢加入冷卻的步驟 4，以小火加熱並持續攪拌，直到醬汁變稠後離火，並繼續攪拌一分鐘。確認是否需要調味後，靜置放涼。

6.以木勺攪拌已冷卻的醬汁並淋在青蒜上。在食用前，至少需加蓋冷藏 2 小時。

烹調小技巧

醬汁煮過頭會凝固！

青蒜舒芙蕾 Leek Soufflé

一些人認為舒芙蕾只能在宴會享用，其實許多人將它用於家庭聚餐，因為不只作法簡單迅速還很受歡迎。

2-3 人份

材料

- 葵花油 1 大匙
- 奶油 40g
- 青蒜 2 根，切末
- 牛奶 300ml
- 中筋麵粉 25g
- 雞蛋 4 顆，蛋白和蛋黃分開
- 葛瑞爾乳酪或愛摩塔乳酪 75g
- 鹽及現磨黑胡椒

1.烤箱預熱至 180℃，在舒芙蕾模型裡抹一層奶油。小鍋熱油和 15g 奶油，以中火炒青蒜 4-5 分鐘直到變軟但未變黑並不時攪拌。

2.倒入牛奶繼續加熱，加蓋慢煮 4-5 分鐘直到青蒜變軟，將湯汁濾到量杯中，青蒜備用。

3.在鍋中融化剩餘奶油，倒入麵粉煮 1 分鐘後離火，緩緩加入 300ml 步驟 2 的湯汁並重新加熱、攪拌。

4.當醬汁逐漸變稠時離火待稍稍冷卻後加入蛋黃、乳酪和青蒜。

5.將蛋白打至濕性發泡後倒入步驟 3 中攪拌，再裝入事先備好的舒芙蕾模型，以烤箱烤 30 分鐘至顏色變成金黃色且膨脹即可取出食用。

青蒜帕瑪火腿義大利麵 Tagliatelle with Leeks and Parma Ham

青蒜是種用途很廣的蔬菜，它口感清香、略帶洋蔥味，適合用於炒菜、義大利燉飯、蛋料理、湯及醬汁等。
若選用老一點的青蒜，則要確認中心並未變硬。

4 人份

材料

- 青蒜 5 根
- 奶油或乳瑪琳 40g
- 義大利鳥巢麵 225g，以綠色
  和白色最佳
- 雪利酒 20ml（dry）
- 檸檬汁 2 大匙
- 新鮮羅勒 2 小匙，切碎
- 帕瑪火腿 115-150g，切長條
- 乾乳酪 175g
- 鹽及現磨黑胡椒
- 新鮮羅勒葉，裝飾用
- 巴馬乾酪，上菜用

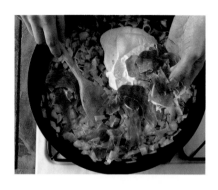

4.在步驟 2 中加入雪利酒、檸檬汁、羅勒及調味料，烹調 1-2 分鐘讓味道融合後，加入火腿和乳酪，炒 1-2 分鐘直到完全熟透。

5.瀝乾義大利麵的水分，放入加熱過的盤子裏。再倒入步驟 4，加入羅勒葉和巴馬乾酪，輕微攪拌即可。

1.青蒜修剪後從中間由上而下劃開，以冷水徹底洗淨後切碎。

2.在鍋中融化奶油或乳瑪琳，加入青蒜以中火炒 3-4 分鐘，直至青蒜變軟，但不會過爛。

3.義大利鳥巢麵放入沸水中，依包裝說明烹煮（新鮮麵條約煮 3-5 分鐘；乾燥麵條約煮 8 分鐘）。

焗烤青蒜 Baked Leeks With Cheese and Yogurt Topping

和所有蔬菜一樣,越新鮮的青蒜味道越好,此道料理需選用最新鮮的青蒜,小而嫩的當令青蒜是此道菜的最佳食材。

4人份

材料

　　嫩青蒜8根,約675g重
　　小雞蛋2顆或大雞蛋1顆,打散
　　新鮮山羊乳酪150g
　　原味優格85ml
　　巴馬乾酪50g,磨碎
　　麵包粉25g
　　鹽及現磨黑胡椒

1.烤箱預熱至180℃,烤盤內抹上奶油,青蒜修剪後由上至下從中間劃開,以冷水徹底沖洗。

2.青蒜水煮約6-8分鐘直到變軟,取出並瀝乾後放入烤盤中。

3.山羊乳酪加入雞蛋、優格、一半的巴馬乾酪,以鹽及現磨黑胡椒調味。

4.把步驟3倒在青蒜上,混合麵包粉與巴馬乾酪並撒在步驟3上,放入烤箱烤35-40分鐘直到青蒜變脆,顏色呈金黃即可。

珠蔥烤香雞 Chicken with Shallots

4人份
材料

約 1.3 公斤重全雞 1 隻或 4 塊
雞肉
調味中筋麵粉，沾裏雞肉用
葵花油 2 大匙
奶油 25g
培根 115g，切碎
蒜 2 瓣
紅酒 450ml
月桂葉 1 片
百里香 2 枝
珠蔥 250g
洋菇 115g（若較大則需切開）
中筋麵粉 2 小匙
鹽及現磨黑胡椒

1.烤箱預熱至 180℃，去掉多餘的雞皮或脂肪再切成 4 或 8 塊。

2.大塑膠袋中倒入調味麵粉加入雞肉並晃動袋子，讓麵粉均勻附著於雞肉塊上。

3.以鍋加熱各一半的奶油和葵花油，將培根和蒜翻炒 3-4 分鐘，再加入雞肉炒至顏色微微變深，加入酒、月桂葉、百里香，煮沸後加蓋以烤箱烤 1 小時。

4.珠蔥去皮後以鹽水煮 10 分鐘，加熱剩餘的油並翻炒珠蔥 3-4 分鐘至顏色呈棕色。

5.加入洋菇再炒 2-3 分鐘。將珠蔥、洋菇放入步驟 2 中再烤 8-10 分鐘。

6.混合麵粉和剩餘的奶油，調成濃稠的麵糊。

7.將雞肉、珠蔥和洋菇舀到盤中並保溫，加熱餘剩的湯汁並分次放入步驟 4 的麵糊，每次都要充分攪拌。加入麵糊後的湯會變得黏稠，最後再將雞肉、珠蔥和洋菇放回鍋中即可享用。

糖漬珠蔥 Glazed Shallots

4人份
材料

珠蔥 350-400g
橄欖油 1 大匙
奶油 25g
糖 1 大匙
水 175ml
鹽及現磨黑胡椒

1.珠蔥去皮，若蔥球相連則需分開，在鍋中加熱油和奶油，以小火炒 5-6 分鐘並不時攪拌，直到珠蔥表面出現棕色斑點。

2.珠蔥加糖後，邊煮邊攪拌約 1 分鐘。

3.加入足以覆蓋珠蔥的水，加蓋以小火煮 25-35 分鐘至完全變軟，視需要再加入少量的水，掀蓋煮至湯略成糖漿狀，並不時攪拌，依個人口味調味。

4.將珠蔥盛到盤中，淋上糖漿狀的湯汁，撒上黑胡椒，即可搭配烤肉或焗烤蔬菜料理一起食用。

芽菜根莖類料理

義式蘆筍乳酪派 Asparagus Tart With ricotta

4 人份

材料

派皮：

中筋麵粉 175g

奶油或乳瑪琳 75g

鹽少量

內餡：

蘆筍 225g

雞蛋 2 顆，打散

瑞可它乳酪 225g

希臘優格 30ml

巴馬乾酪 40g，切碎

鹽及現磨黑胡椒

1.烤箱預熱至 200℃，麵粉中加入鹽、奶油或乳瑪琳拌勻後，加入冷水揉至麵團表面光滑即可。

2.工作台撒上麵粉，將麵團桿成 9 吋大小，放入模型中並用叉子戳一些小孔洞。放入烤箱烤 10 分鐘，直到呈金黃色後取出，再把烤箱溫度調至 180℃。

3.蘆筍需先修去粗纖維，從筍尖切下 5 cm，剩餘的莖切成 2.5 cm 小段。放入沸水中煮 1 分鐘後加入筍尖再煮 4-5 分鐘，直到變嫩，煮好後瀝乾並浸泡冷水。

4.混合蛋、瑞可它乳酪、優格、巴馬乾酪並調味，拌勻後拌入煮好的蘆筍莖再倒在烤好的派皮上，筍尖則置於表面。

5.放入烤箱烤 30-40 分鐘，直到呈金黃色，稍微放涼或完全變冷後即可食用。

蘆筍佐荷蘭酸味蘸醬 Asparagus with Tarragon Hollandaise

初夏的蘆筍正當季，這道料理是非常適合於宴會享用的開胃菜，以食物調理機製作荷蘭酸味蘸醬更是簡單。

4 人份

材料

新鮮蘆筍 500g

鹽

荷蘭酸味蘸醬：

蛋黃 2 個

檸檬汁 1 大匙

奶油 115g

新鮮龍蒿 2 小匙，切碎

鹽及現磨黑胡椒

1.先將蘆筍蒸 6-10 分鐘直到變軟（烹煮時間的長短取決於蘆筍莖的粗細）。

2.把蛋黃、檸檬汁和調味料放入食物調理機簡短攪打，以小鍋加熱奶油至起泡後，將奶油緩緩地倒入轉動中的調理機中。

3.在荷蘭酸味蘸醬中加入龍蒿後拌勻。

4.蘆筍裝盤後將醬淋在上頭，並把剩餘的荷蘭酸味蘸醬放在小罐子裏備用。

蘆筍湯 Asparagus Soup

自己煮的蘆筍湯鮮美可口，味道和罐裝蘆筍截然不同。烹煮這道湯品時最好選用小蘆筍，因為不僅嫩而且湯的顏色協調，可搭配薄麵包片一起食用。

4 人份

材料

　　小蘆筍 450g
　　奶油 40g
　　珠蔥 6 顆，切片
　　中筋麵粉 15g
　　蔬菜高湯或水 600ml
　　檸檬汁 1 大匙
　　牛奶 250ml
　　淡味鮮奶油 120ml
　　新鮮山蘿蔔 2 小匙
　　鹽及現磨黑胡椒

1.修去蘆筍莖的粗纖維，再從筍尖切下 4 cm備用，其餘切片。

2.以大鍋加熱融化 25g 奶油，珠蔥下鍋炒 2-3 分鐘直到變軟，並時常攪拌以免煎糊掉。

3.加入蘆筍莖，以中火炒約 1 分鐘加入麵粉，1 分鐘後加入蔬菜高湯或水、檸檬汁並調味。水沸後加蓋，但要留一點縫，煮 15-20 分鐘直到蘆筍變嫩。

4.湯稍微冷卻後倒入食物調理機中拌勻後，濾到另一鍋中。過濾時可加一些牛奶，並不斷攪拌盡可能地濾出蘆筍汁。

5.加熱剩餘的奶油，將蘆筍尖下鍋煎 3-4 分鐘直至變軟。

6.將步驟 4 的蘆筍湯加熱 3-4 分鐘，加入鮮奶油和蘆筍尖並繼續加熱一段時間，食用前撒些山蘿蔔末即可。

蘆筍可麗餅 Roast Asparagus Crépes

烤蘆筍味美可口，而且略烤一下就很好吃，但以下這個方法可以使它成為一道更棒的開胃菜，那就是加上蘆筍莖做成 6 個或 12 個可麗餅。

6人份

材料
    橄欖油 6-8 大匙
    新鮮蘆筍 450g
    馬斯卡邦乳酪 175g
    淡味鮮奶油 4 大匙
    巴馬乾酪 25g

可麗餅皮：
    中筋麵粉 175g
    雞蛋 2 顆
    牛奶 350ml
    植物油（煎餅時用）
    鹽少許

1. 麵粉放在攪拌器中，依序加入鹽雞蛋和牛奶，攪打成麵糊。

2. 以大鍋加熱少量油，先倒入少量麵糊，轉一下鍋使油和麵糊均勻地鋪在鍋底。以中火煎約 1 分鐘後翻面，直到兩面煎成金黃色。剩餘麵糊亦以相同方法煎成 6 張大餅皮或 12 張小餅皮。

3. 烤箱預熱至 180℃，在大烤盤中加些橄欖油。

4. 切去蘆筍根，並削去根部的粗纖維。

5. 蘆筍平鋪在盤中，淋些橄欖油並翻動蘆筍使油均勻裹上。撒點鹽，以烤箱烤 8-12 分鐘直到變嫩（時間取決於蘆筍的粗細）。

6. 混合馬斯卡邦乳酪、鮮奶油和巴馬乾酪，在每張可麗餅上加一大匙，但要留一點作為醬汁，之後預熱烤箱。

7. 在可麗餅上分別放一些烤好的蘆筍，捲起後置於烤盤中，再加上步驟 6 的剩餘醬汁，以中火烤 4-5 分鐘，直到可麗餅均勻受熱並成為金黃色即可取出食用。

朝鮮薊佐蒜蓉香草奶油醬 Artichokes with Garlic and Herb Butter

食用朝鮮薊是種享受，兩人一起分食一個朝鮮薊則更有趣，你們可以一口接一口地分享這道美食！

4 人份

材料

大型朝鮮薊 2 顆或中型 4 顆
鹽

蒜蓉香草奶油醬：

奶油 75g
蒜 1 瓣，拍碎
新鮮龍蒿、香牛至和巴西利 1
大匙，切碎

1. 以冷水洗淨朝鮮薊再將莖齊根切下，剪去末端 1 cm，並剪掉葉子尖角。

2. 放入裝有淡鹽水的鍋中煮，水開後加蓋再煮約 40-45 分鐘，或葉子輕輕一撕就掉為止。

3. 以小火加熱奶油的同時，撈出煮好的朝鮮薊並瀝乾，奶油融化後加入蒜末，約 30 秒後熄火再加入香草即可。

4. 朝鮮薊盛入盤中，蘸蒜蓉香草奶油醬食用。

烹調小技巧

食用朝鮮薊時，需撕下朝鮮薊的葉子，蘸著蒜蓉香草奶油醬，咬下柔軟、肉多的根部後，除去中心不能食用的硬塊，根部也能切開蘸著剩下的奶油醬食用。

朝鮮薊鑲肉 STUFFED ARTICHOKES

內餡的量取決於朝鮮薊的大小，若是小朝鮮薊，可以為每位客人準備一顆；若想增加餡的量，加些馬自拉乳酪和青蒜比加培根來得適合。

4人份（做開胃菜）

材料

朝鮮薊 2 顆，修剪好

檸檬汁

內餡：

奶油 25g

青蒜 2-3 根，切絲

培根 2-3 片，切碎（選用）

馬自拉乳酪 75g，切丁

麵包粉 25-40g

新鮮羅勒 1 小匙，切碎

新鮮羅勒葉，裝飾用

鹽及現磨黑胡椒

3.朝鮮薊瀝乾後倒置，當冷卻到可以拿取時，剖開並取出內葉，除去中心硬塊後灑上檸檬汁，以免填入餡料後朝鮮薊變色。

4.預熱烤架，在切好的朝鮮薊中填入內餡後，平放在烤盤裡，以中火烤 5-6 分鐘或烤到內餡變成淺棕色，裝盤時撒些羅勒葉裝飾即可。

1.朝鮮薊放入鹽水中煮，沸騰後加蓋煮 35-40 分或煮到葉子能輕易撕掉。

2.內餡：加熱奶油，放入青蒜炒 3-4 分鐘，如選用培根則於此時加入。繼續翻炒直到青蒜變軟，培根呈淺棕色後熄火，加入馬自拉乳酪、麵包粉、羅勒並調味。

焗烤塊根芹菜 Celeriac Gratin

塊根芹菜的外表並不吸引人，但它是種味道香甜且有堅果味的蔬菜。因為加入了美味的愛摩塔乳酪，所以塊根芹菜的香味，在這道料理中顯得更為突出。

4 人份

材料

　　塊根芹菜 450g
　　檸檬汁 1/2 顆量
　　奶油 25g
　　小洋蔥 1 顆，切碎
　　中筋麵粉 2 大匙
　　牛奶 300ml
　　愛摩塔乳酪 25g，磨碎
　　續隨子醬 1 大匙
　　鹽及卡宴辣椒粉

1.烤箱預熱至 190 ℃，塊根芹菜去皮後切成 0.5cm 薄片，並立即放入加有檸檬汁的冷水中。

2.水沸後煮 10-12 分鐘直到變軟，瀝乾後整齊地放入烤盤中。

3.小鍋中加熱奶油，以中火將洋蔥煎軟，注意不要煎焦。加入麵粉煮 1 分鐘後再慢慢加入牛奶、愛摩塔乳酪、續隨子醬和調味料，把做好的醬汁淋到塊根芹菜上，放入烤箱烤 15-20 分鐘，直到表層變成金黃色。

其他選擇

要想使味道淡一點，可以在塊根芹菜中穿插放些馬鈴薯片。將馬鈴薯切好、煮熟後瀝乾，一起放入盤中即可。

藍黴乳酪捲 Celeriac and Blue Cheese Roulade

這道料理加入塊根芹菜後變得更加美味可口了，菠菜捲和乳酪的鮮明對比，使其口味獨特，且一定要趁熱時把菠菜和乳酪捲起來。

6人份

材料

奶油 15g
水煮菠菜 225g，瀝乾並切碎
淡味鮮奶油 150ml
大雞蛋 4顆，蛋白和蛋黃分開
巴馬乾酪 15g，磨碎
肉豆蔻少許
鹽及現磨黑胡椒

內餡：

塊根芹菜 225g
檸檬汁
St Agur 藍黴乳酪 75g
乾乳酪 115g
現磨黑胡椒

1.烤箱預熱至 200 ℃，準備一張 34 × 24 cm大小的白報紙。

2.鍋中加熱奶油，再加入菠菜攪拌至水分收乾後離火，加入奶油、蛋黃、巴馬乾酪並調味。

3.蛋白打至濕性發泡後慢慢倒入菠菜中，再將菠菜均勻地鋪在鋁箔紙上並抹平。

4.放入烤箱中烤 10-15 分鐘，直到變硬且表面呈淡黃色，取出後放在白報紙上，剝去鋁箔紙後趁熱捲起來再放涼。

5.內餡：塊根芹菜去皮、刨絲後均勻灑上檸檬汁，再加入藍黴乳酪、乾乳酪和黑胡椒。

6.攤平菠菜捲並鋪上一層乳酪餡，再捲上即可食用，或先包起來等稍微冷卻時再食用。

焗烤芹菜 Braised Celery with Goat's Cheese

在這道料理中，味道清淡獨特的山羊乳酪使得芹菜更加香濃可口，尤其適合作為烤肉或煎薄餅的配菜，最棒的是做法很簡單.

4人份

材料

奶油 25g

芹菜 1 棵，切片

中脂山羊乳酪 175g

淡味鮮奶油 45-60ml

鹽及現磨黑胡椒

1.烤箱預熱至 180℃，在烤盤中塗上少量奶油。

2.煎鍋中加熱奶油並翻炒芹菜，2-3 分鐘後加入 45-60ml 水，稍微加熱再加蓋煮 5-6 分鐘，直到芹菜變嫩且水分收乾。

3.離火後拌入山羊乳酪和奶油，調味後倒入步驟 1 的烤盤中。

4.蓋上塗過奶油的防油紙，放入烤箱烤 10-12 分鐘後即可食用。

核桃酪梨芹菜沙拉 Celery, Avocado and walnut Salad

清脆的芹菜、核桃與滑嫩的酪梨形成鮮明對比，使這道料理的口味獨特，食用時要加些酸奶油、橄欖油和現榨的新鮮檸檬汁。

4人份

材料

培根 3 片（選用）

白色或綠色芹菜 8 棵，切片

青蔥 3 根，切碎

碎核桃 50g

酪梨 1 顆

檸檬汁

沾醬：

酸奶油 120ml

橄欖油 1 大匙

卡宴辣椒粉 1 撮

1.若選用培根，則需先煎成金黃色，再切成小塊與芹菜、青蔥、核桃於沙拉碗中混合。

2.酪梨剖開並切成薄片，剝皮後撒些檸檬汁再加入芹菜中。

3.酸奶油、橄欖油和辣椒粉放入罐子或小碗裏略微攪拌，再淋在沙拉上或沾食。

炸春捲 SPRING ROLLS

在製作這道受歡迎的小吃時，竹筍和綠豆芽因為口感不同，所以是很好的組合，春捲中的竹筍保持其清脆的口感，而綠豆芽則變得更加柔軟。

20 份

材料

植物油 4 大匙
深色醬油 2 大匙
雪利酒 2 大匙（medium dry）
生薑約 1 cm，磨泥
素肉碎塊 225g
米粉 50g
香菇 4-5 朵
青蔥 4-5 根
罐頭竹筍 200g
蒜 1 瓣，拍碎
胡蘿蔔 1 條，刨絲
綠豆芽 75g，粗略地切過
玉米粉 1 大匙加入 2 大匙水
15 cm 見方的春捲皮 20 張
植物油（油炸用）

1.碗中混合 2 大匙油、醬油、雪利酒和薑，加入素肉碎塊後醃漬 10-15 分。

2.米粉以沸水浸泡 15-20 分後撈出並粗略切斷。

3.香菇擦乾淨後切掉蕈柄並切成薄片，若香菇過大則切成兩半。

4.青蔥蔥白斜切成薄片。

5.除去竹筍罐頭的水分再洗淨，若竹筍太大塊則先切小塊。

6.鍋中加熱 1 小匙的油，蒜先炒一下後加入青蔥炒 2-3 分鐘後，加入香菇再炒 3-4 分鐘起鍋。

7.加熱剩餘的油，撈出素肉塊並擠乾水分，下鍋炒 4-5 分鐘，並保留素肉塊的浸泡湯汁。

8.竹筍、胡蘿蔔、米粉、香菇加入素肉塊中，翻炒一下再加入綠豆芽，炒好後離火放涼。

9.春捲皮的一角放上炒好的餡料，在春捲皮邊緣塗玉米粉糊再捲起，捲起時要把左右兩邊的角向內折。並用相同方法製作其餘春捲。

10.將春捲放入油鍋中炸 3-4 分鐘，直到變成金黃色。一次只炸 2-3 個且不時翻動使其均勻受熱。炸好後瀝去多餘油脂，蓋上紙巾以防變冷，食用時可蘸些醬油。

咖哩醬涼拌海蓬子 Samphire with Chilled Fish Curry

即使你是個咖哩愛好者在製作這道料理時也不要加太多的咖哩醬，只需要一點點口感溫和的咖哩醬就夠了，
否則海蓬子和魚的味道會受影響。

4 人份

材料

海蓬子 175g

新鮮鮭魚排或魚片 350g

檸檬鰈魚片 350g

魚肉高湯或水

蝦仁 115g

奶油 25g

小洋蔥 1 顆，切碎

咖哩醬 2 大匙

杏桃果醬 1-2 小匙

酸奶油 150ml

薄荷葉，裝飾用（選用）

1. 海蓬子修剪後放入沸水中煮 5 分鐘直到煮軟，撈出瀝乾備用。

2. 鍋中放入鮭魚、檸檬鰈魚，加入高湯或水，煮沸後轉小火加蓋煮 6-8 分鐘直到煮軟。

烹調小技巧

海蓬子有股來自海洋的強烈鹹味，所以烹煮這道料理時不需另外加鹽。

3. 魚冷卻後去皮和骨，切成一口大小，和蝦一起放入碗中。

4. 鍋中加熱奶油後拌炒洋蔥 3-4 分鐘直到變軟但未變色，加入咖哩醬煮 30 秒後離火並拌入果醬，冷卻一下後加入酸奶油。

5. 把咖哩奶油醬淋在魚上，先在盤子周圍放一圈海蓬子，再把魚和蝦放在中間，並撒些薄荷葉即可食用。

普羅旺斯風味茴香燉淡菜 Fennel and Mussel Provençal

4人份

材料

大型茴香 2 顆
帶殼的新鮮淡菜 1.75 公斤，冷
水洗淨並去鬚
水 175ml
百里香莖
奶油 25g
珠蔥 4 顆，切碎
蒜 1 瓣，拍碎
白酒 250ml
中筋麵粉 2 小匙
淡味鮮奶油 175ml
新鮮巴西利 1 大匙，切碎
鹽及現磨黑胡椒
蒔蘿莖，裝飾用

1.茴香修剪後切成 0.5cm 薄片後再切成 1 ㎝ 長條，以薄鹽水煮軟後瀝乾。

2.挑出不完整或已開口的淡菜，其餘的放入大鍋中，加入水和百里香加蓋煮沸後再煮 5 分鐘，直到淡菜殼打開。

3.挑出沒開的淡菜，冷卻後去殼，保留幾顆帶殼淡菜做裝飾。

4.以鍋加熱奶油，翻炒珠蔥和蒜 3-4 分鐘直到變軟，但未變色。加入茴香後，30-60 秒加入白酒燉至湯汁收乾。

5.先將麵粉加入酒和水調勻，再於鍋中加入鮮奶油、巴西利並調味，以小火加熱後，加入麵糊和淡菜，以小火煮到湯汁變稠，調味後盛到加熱過的盤中，放些薄荷葉和帶殼淡菜裝飾。

番茄茴香焗烤 Braised Fennel with Tomatoes

4人份

材料

小型茴香 3 顆
橄欖油 2-3 大匙
珠蔥 5-6 顆，切片
蒜 2 瓣，拍碎
番茄 4 顆，去皮切丁
干白酒約 175ml
新鮮羅勒 1 大匙或乾羅勒 1/2
小匙，切碎
麵包粉 40-50g
鹽及現磨黑胡椒

1.烤箱預熱至 150 ℃，茴香修剪後切成 1 ㎝ 厚片。

2.大鍋中加熱橄欖油，加入珠蔥和蒜用中火炒 4-5 分鐘直到珠蔥變軟。加入番茄翻炒後加入 150ml 干白酒、羅勒並調味，沸騰後放入茴香加蓋燜煮 5 分鐘。

3.將茴香一層層放入烤盤中，放上番茄再撒上一半的麵包粉。放入烤箱烤約 1 小時，烘烤時需不斷地壓下麵包粉，並再撒上一層麵包粉和一點酒，麵包粉會慢慢變脆並呈金黃色。

塊根類料理

西班牙辣味馬鈴薯 PATATAS BRAVAS

這是一道經典的西班牙小吃，以油炸熱馬鈴薯塊沾辣味番茄醬食用。

4人份

材料

> 馬鈴薯 675g，選用 Maris Piper
> 或 Estima
> 油，油炸用

辣味番茄醬：

> 橄欖油 1 大匙
> 小洋蔥 1 顆，切碎
> 蒜 1 瓣，拍碎
> 罐裝番茄 400g
> 烏醋 2 小匙
> 紅酒醋 1 小匙
> 塔巴斯哥辣醬約 1 小匙

1. 馬鈴薯去皮切丁，放進裝有冰水的大碗裡以去掉多餘澱粉。

2. 以煎鍋熱油翻炒洋蔥和蒜 3-4 分鐘，直到洋蔥變軟並變成褐色。

3. 番茄以食物調理機打至光滑，倒進鍋中慢煮 8-10 分鐘，並不時攪拌直到黏稠且份量減少。

4. 以深鍋熱油，馬鈴薯以紙巾吸去水分後油炸至金褐色（可分批炸），撈出以紙巾吸去油脂。

5. 將烏醋、紅酒醋和塔巴斯哥辣醬拌入步驟 3 的番茄糊裡，再放入馬鈴薯拌勻，讓所有馬鈴薯裹上一層醬即可食用。

焗烤馬鈴薯 POTATOES DAUPHINOIS

4人份

材料

> 馬鈴薯 675g，去皮切薄片
> 蒜 1 瓣
> 奶油 25g
> 淡味鮮奶油 300ml
> 牛奶 50ml
> 鹽和白胡椒

1. 烤箱預熱至 150℃，馬鈴薯片以冰水浸泡除去多餘澱粉，瀝乾後用紙巾吸去水分。

2. 將蒜切開，切口朝下放入寬烤盤裡摩擦後，再塗上大量奶油。於另一壺中混合鮮奶油與牛奶。

3. 先在盤子底部鋪一層馬鈴薯片，再灑些水、鹽和白胡椒，然後倒入一些步驟 2 的鮮奶油。

4. 重複步驟 3，直到用光所有食材，最後再淋一層鮮奶油。

5. 以烤箱烘烤 75 分鐘，若馬鈴薯太快變成褐色則可蓋上一層鋁箔紙，當馬鈴薯變得鬆軟且呈金褐色時即可食用。

烹調小技巧

想要迅速完成這道料理，可先將馬鈴薯片水煮 3-4 分鐘，瀝乾後以步驟 3 的方法裝盤，用 160℃ 烘烤 45-50 分鐘，直到馬鈴薯變軟。

烤馬鈴薯 Hasselback Potatoes

這是一種較不常見的馬鈴薯烹調法，每顆馬鈴薯都要切半後用油和奶油烤，脆脆的馬鈴薯刷上橙色的醬汁後，放回烤箱裡，直到烤成很脆的深金褐色。

4-6 人份

材料

大型馬鈴薯 4 顆
奶油 25g，融化
橄欖油 3 大匙

糖漿：

柳橙汁，1 顆量
柳橙皮 1/2 顆，切碎
金砂糖 1 大匙
現磨黑胡椒

1.烤箱預熱至 190 ℃，每顆馬鈴薯縱向剖開，平面向下，以切片方式切但底部留 1 cm 不要切開。

2.將馬鈴薯放入大烤盤裡，並刷上大量的奶油，再把橄欖油倒在烤盤和馬鈴薯周圍。

3.以烤箱烤 40-50 分鐘，直到變成棕色，烘烤過程中不時抹油。

4.在此同時，以小鍋加熱柳橙汁、柳橙皮和糖，並攪拌至糖溶解，煮 3-4 分鐘，待湯汁變稠後再離火。

5.馬鈴薯開始變色時，刷上步驟 4 的糖漿，再放回烤箱烤 15 分鐘，或直到馬鈴薯變成深金褐色即可食用。

馬鈴薯奶油泡芙 Puffy Creamed Potatoes

這道料理結合了奶油馬鈴薯和迷你約克夏布丁，可搭配烤鴨或烤牛肉，或和蔬菜湯一起食用。作為主菜時，可以為每位客人準備 2-3 份，並配上沙拉。

6 人份

材料

- 馬鈴薯 275g
- 牛奶和奶油，做馬鈴薯泥用
- 新鮮巴西利 1 小匙，切碎
- 新鮮龍蒿 1 小匙，切碎
- 中筋麵粉 75g
- 雞蛋 1 顆
- 牛奶約 120ml
- 油或葵花油，烘烤用
- 鹽及現磨黑胡椒

1.烤箱預熱至 200 ℃，將馬鈴薯煮軟，加入一些牛奶和奶油壓成泥，拌入巴西利和龍蒿後調味。

2.用攪拌器將麵粉、雞蛋、牛奶和少許鹽攪打成光滑的麵糊。

3.在 6 個烤模裡分別放入 1/2 小匙的油或葵花油，放在烤盤中以烤箱烘烤 2-3 分鐘，直到油變熱。

4.迅速地在每個烤模中加入 4 小匙麵糊，再加入 1 大匙馬鈴薯泥，然後在每個烤模裏倒入等量麵糊。再放進烤箱，烤 15-20 分鐘，直到表面膨脹並呈金褐色。

5.用刮刀小心的將泡芙從烤模裡取出，放到另一溫熱的大餐盤即可食用。

歐洲防風草炸丸子 PARSNIP AND CHESTNUT CROQUETTES

栗子的甜甜堅果味與歐洲防風草相似，且與歐洲防風草的泥土甘甜香配合得恰到好處，首先需將栗子去皮，但冷凍栗子較易去皮，在這道料理中，不論選用的是冷凍或新鮮的栗子，其成果都是一樣美味。

10-12 份

材料

    歐洲防風草 450g，切丁
    冷凍栗子 115g
    奶油 25g
    蒜 1 瓣，拍碎
    新鮮香菜 1 大匙，切碎
    雞蛋 1 顆，打散
    麵包粉 40-50g
    植物油，油炸用
    鹽及現磨黑胡椒
    香菜 1 枝，裝飾用

1.鍋中放入防風草再加水淹過防風草，加蓋慢煮 15-20 分鐘直到完全變軟。

2.以小火水煮栗子約 8-10 分鐘直到變軟，瀝乾後放到碗裡壓碎。

3.以小鍋融化奶油，加蒜煮 30 秒後離火。瀝乾防風草後壓碎，加入蒜蓉、奶油、栗子和切碎的香菜調味後拌勻。

4.每次取約 1 大匙生料，做成 7.5 cm長的丸子，再將丸子放入蛋液中，再裹上麵包粉。

5.鍋熱油後，將丸子炸 3-4 分鐘直到變成金黃色，期間需攪拌讓顏色均勻，再將丸子以紙巾吸油脂，加香菜裝飾即可食用。

印度比爾亞尼燉飯 Parsnip, Aubergine and Cashew Biryani

4-6 人份

材料

小茄子 1 條，切片

香米 275g

歐洲防風草 3 條

洋蔥 3 顆

蒜 2 瓣

新鮮生薑 2.5 cm，去皮

植物油約 4 大匙

無鹽腰果 175g

葡萄乾 40g

紅甜椒 1 顆，去籽切條

小茴香 1 小匙，切碎

香菜 1 小匙，切碎

辣椒粉約 1/2 小匙

天然優格 120ml

蔬菜高湯或雞肉高湯 300ml

奶油 25g

鹽及現磨黑胡椒

香菜，裝飾用

水煮蛋 2 顆，切 4 塊

1. 茄子灑鹽醃漬 30 分鐘後洗淨，瀝乾並切塊；將米以冷水浸泡約 40 分鐘。防風草去皮去核，切成 1 cm 大小，再切碎。一顆洋蔥和薑、蒜一起以食物調理機攪勻，加入 30-45ml 水後揉成洋蔥團。

2. 煎鍋加熱 3 大匙植物油，將剩餘洋蔥切片下鍋翻炒約 10-15 分鐘直至呈深棕色，取出瀝乾。鍋中加入 40g 腰果翻炒約 2 分鐘，倒入葡萄乾翻炒至膨脹，取出瀝乾。

3. 茄子和甜椒一起下鍋翻炒約 4-5 分鐘，取出以紙巾瀝乾。再將防風草翻炒約 4-5 分鐘，倒入其餘腰果繼續翻炒 1 分鐘，起鍋與茄子一起置於盤中。

4. 餘下的 1 大匙植物油倒入鍋中，以中火翻炒洋蔥團約 4-5 分鐘，直至變成金黃色，再加入小茴香、香菜和辣椒粉繼續翻炒約 1 分鐘後，轉小火加入優格。

5. 以小火煮沸步驟 4，加入高湯、防風草、茄子和甜椒並調味，加蓋燉煮約 30-40 分鐘，直至防風草變軟，盛於烤盤中。

6. 烤箱預熱至 150℃，瀝乾米的水分，加入 300ml 加鹽煮沸後，燉煮約 5-6 分鐘至稍軟。

7. 瀝乾米的水分並置於防風草上，以木杓挖個洞，填入炒好的洋蔥、腰果、葡萄乾和奶油，蓋上雙層鋁箔紙並加蓋密封放好。

8. 在烤箱中烘烤 35-40 分鐘，盛在加熱過的盤子，點綴一些香菜和切好的水煮蛋。

地中海風蕪菁燉雞肉 Mediterranean Chicken with Turnips

蕪菁在地中海地區非常受歡迎，素食主義者傾向於將其和番茄、菠菜一起簡單烹煮，但也可搭配魚肉和其他家禽，這道料理來自地中海東部。

4 人份

材料

葵花油 2 大匙
雞腿 8 支或雞肉 4 塊
小蕪菁 4 顆
洋蔥 2 顆，切碎
蒜 2 瓣，拍碎
番茄 6 顆，去皮切丁
番茄汁 250ml
雞肉高湯 250ml
白酒 120ml
辣椒粉 1 小匙
卡宴辣椒粉 1 撮
黑橄欖 20 個，去核
檸檬 1/2 顆，切瓣
鹽及現磨黑胡椒
新鮮巴西利，裝飾用
蒸麥粉（上菜用）

1. 烤箱預熱至 160℃，鍋中加熱 1 大匙葵花油，將雞塊炒至變成淺棕色，並將蕪菁去皮後切細條。

2. 取出雞肉並置於大容器，鍋中加入剩下的油，放入洋蔥和蒜不斷翻炒 4-5 分鐘直到呈金棕色。

3. 放入蕪菁後繼續翻炒約 2-3 分鐘，再加入番茄、番茄汁、高湯、白酒、辣椒粉、卡宴辣椒粉並調味，煮沸後倒在雞肉上，並拌入橄欖和檸檬。

4. 密封後放入烤箱內加熱 60-75 分鐘至雞肉變軟。

5. 以新鮮巴西利裝飾，並盛在鋪有蒸麥粉的盤中。

脆蕪菁 Swede Crisps

在鮮嫩的瑞典蕪菁外裹上鬆脆的麵包粉，是一道宴會上不可錯失的美味佳餚，瑞典蕪菁淡淡的辣味和麵包粉構成完美的組合。

4 人份

材料

小瑞典蕪菁 1 顆
麵包粉 50g
中筋麵粉 1 大匙
辣椒粉 1/2 小匙
香荽籽 1/2 小匙，磨碎
小茴香 1/2 小匙，磨碎
卡宴辣椒粉 1 撮
蛋 1 顆，打散
鹽及現磨黑胡椒
油（油炸用）
芒果酸醬（佐餐用）

1. 瑞典蕪菁去皮剖開切薄片，水煮 3-5 分鐘使其稍微變軟，取出瀝乾。

2. 拌勻麵包粉、麵粉、辣椒粉、香荽籽、小茴香和卡宴辣椒粉，並調味；蕪菁裹上蛋液後再裹粉。

3. 油熱後將蕪菁下鍋炸約 4-5 分鐘，直至外焦裡嫩，亦可分批油炸。再以紙巾吸去油脂，裝盤佐芒果酸醬食用。

烹調小技巧

需將蕪菁炸得外酥內嫩，如此才能對比出蔬菜與麵包粉的口感。

蘋果酒煮胡蘿蔔 Glazed Carrots with Cider

這道料理的製作法非常簡單，為了盡可能的突顯出胡蘿蔔的特殊口味，故只需簡單烹煮，而蘋果酒則會使這道料理的味道更加鮮美。

4 人份

材料

嫩胡蘿蔔 450g
奶油 25g
黃砂糖 1 大匙
蘋果酒 120ml
蔬菜高湯或水 60ml
法式第戎芥末 1 小匙
新鮮巴西利 1 大匙，切碎

1.胡蘿蔔去葉與根並去皮，切成細長條。

2.以鍋加熱融化奶油，不斷翻炒胡蘿蔔約 4-5 分鐘，撒糖後翻炒至糖完全融化。

3.倒入蘋果酒、高湯或水煮沸後，加入芥末，半掩鍋蓋燉約 10-12 分鐘直至胡蘿蔔變軟，掀蓋煮到湯變濃。

4.離火後拌入巴西利，拌勻後盛在溫熱的餐盤中，可作為烤肉、烤魚或青菜的配菜食用。

烹調小技巧

若步驟 3 的湯還未變稠，但胡蘿蔔就已熟軟，則先取出，直到湯變稠後再倒入胡蘿蔔和巴西利。

胡蘿蔔水果涼拌 Carrot, Apple and Orange Coleslaw

這道美味的料理非常容易製作，加有蒜和香草的沾醬與甜甜的沙拉形成鮮明的對比。

4 人份

材料

嫩胡蘿蔔 350g，刨絲
蘋果 2 顆
檸檬汁 1 大匙
大橘子 1 顆

沾醬：

橄欖油 3 大匙
葵花油 4 大匙
檸檬汁 3 大匙
蒜 1 瓣，拍碎
天然優格 60ml
新鮮香草 1 大匙，切碎：龍蒿、巴西利和細香蔥
鹽及現磨黑胡椒

1.將胡蘿蔔放入大碗中，蘋果去核後切薄片並灑上檸檬汁以防變色，再倒入放胡蘿蔔的大碗裡。

2.橘子去皮切塊後放入大碗裡。

3.沾醬：將所有材料放入一個罐中，蓋緊蓋子並充分搖晃。

4.上菜前將沾醬淋在沙拉上並拌勻即可。

胡蘿蔔香菜湯 Carrot and Coriander Soup

幾乎所有的根類蔬菜都能作成一道好湯，因為它們很容易使湯變稠，而且其溫和樸實的味道可與香草的強烈味道完美結合。胡蘿蔔更是根莖類蔬菜裡的好幫手，這道料理可說是色香味俱佳。

4-6 人份

材料

嫩胡蘿蔔 450g

葵花油 1 大匙

奶油 40g

洋蔥 1 顆，切碎

芹菜莖 1 根和新鮮芹菜葉

小型馬鈴薯 2 顆，切碎

雞肉高湯 1 公升

香菜籽 2-3 小匙

新鮮香菜 1 大匙，切碎

牛奶 200ml

鹽及現磨黑胡椒

5.轉小火，加入切碎的芹菜葉和新鮮香菜末翻炒約 1 分鐘備用。

6.將湯倒入食物調理機攪拌後倒入鍋中，再加入牛奶、步驟 5 並調味，撒上芹菜葉裝飾。

烹調小技巧

若想使味道更加鮮美，則可在上桌前加入適量檸檬汁。

1.胡蘿蔔去皮切塊，鍋中加熱油和 25g 奶油，放入洋蔥翻炒約 3-4 分鐘直到變軟但未變色。

2.芹菜莖切絲，和馬鈴薯倒入炒洋蔥的鍋中，翻炒幾分鐘後再放入胡蘿蔔，繼續翻炒 3-4 分鐘後，轉小火加蓋燜約 10 分鐘，期間需不時搖晃或攪拌以防沾黏。

3.加入高湯後煮沸並半掩鍋蓋，燉約 8-10 分鐘直到胡蘿蔔和馬鈴薯變軟。

4.撒上 6-8 片芹菜葉裝飾，切碎剩下的芹菜葉（約 1 大匙）。在鍋中融化剩餘奶油，放入香菜籽再熱 1 分鐘，並不時攪拌。

羅宋湯 Borscht

這道經典湯品是俄國革命前，農民們幾百年來的主食，其烹調法的變化之多，甚至找不到兩種相似的食譜。

6 人份

材料

- 甜菜根 350g
- 葵花油 1 大匙
- 培根 115g，切碎
- 大型洋蔥 1 顆
- 大型胡蘿蔔 1 條，切絲
- 芹菜莖 3 支，切薄片
- 雞肉高湯 1.5 公升
- 番茄約 225g，去皮去籽切片
- 檸檬汁或紅酒醋約 30ml
- 蒔蘿 2 大匙，切碎
- 白色甘藍菜 115g，切絲
- 酸奶油 150ml
- 鹽及現磨黑胡椒

1.甜菜根去皮、切片後切細絲。

2.以鍋熱油後，以中火翻炒培根 3-4 分鐘，加入洋蔥炒 2-3 分鐘後，放入胡蘿蔔、芹菜和甜菜根翻炒 4-5 分鐘，直到油脂被完全吸收。

3.倒入高湯、番茄、檸檬汁或紅酒醋、1/2 蒔蘿並調味，煮沸後燉 30-40 分鐘，直到蔬菜煮軟。

4.加入白色甘藍菜，燉 5 分鐘直到變軟，再次調味，撒上剩餘的蒔蘿並佐以酸奶油即可食用。

香烤春雞 POUSSINS WITH SWEET POTATO CHIPS

4人份

材料

春雞 4 隻，每隻約 275-350g
雞肉高湯 175-250ml
白酒 175ml
檸檬汁 30ml
新鮮龍蒿 1 大匙或乾龍蒿 2 小
匙
奶油 25g
中筋麵粉 2 小匙
鹽及現磨黑胡椒

內餡：

番薯 1 顆，約 225g 重
檸檬汁 1 大匙
奶油或乳瑪琳 25g
珠蔥 2 顆，切碎
杏仁 25g，切薄片
梅乾 50g，切碎
麵包粉 25g
新鮮百里香 1 小匙，切碎
鹽及現磨黑胡椒

番薯片：

番薯 450g
檸檬汁，1/2 顆量
麵粉，沾裹用
卡宴辣椒粉 1 大撮
香荽籽 1 大撮
小茴香 1 大撮
油，油炸用

1. 烤箱預熱至 180℃，番薯去皮和
檸檬汁一起以沸水煮軟後，瀝乾
壓成泥再混入一半的奶油。

2. 以小鍋融化剩餘奶油，放入珠
蔥炒 2-3 分鐘直到變軟後加入杏
仁片，繼續翻炒至杏仁和珠蔥都
有褐斑，再加入梅乾、麵包粉、
百里香並調味。

3. 春雞塞入餡料並置於烤盤中，
在另一小鍋中混合雞湯、白酒和
檸檬汁煮沸後淋在春雞上。

4. 撒上龍蒿並調味，再將一半的
奶油均勻地刷在雞上。

5. 用鋁箔紙粗略蓋上後放入烤箱，
烤 35-40 分鐘並持續淋上湯汁。

6. 番薯去皮切成薄片後以檸檬水
浸泡，於盤中混合麵粉、辣椒
粉、香荽籽、小茴香和少許鹽。

7. 在春雞烤好前 10 分鐘，以炸鍋
熱油用紙巾擦乾番薯片，裹上調
味的麵粉，把番薯片分幾次油
炸，每次約炸 2-3 分鐘直到變成
金黃色，紙巾瀝乾後保溫。

8. 春雞烤好後，倒出湯汁，烤箱
溫度調升至 220℃並除去鋁箔
紙，再烘烤 5 分鐘等春雞呈褐色
時放入淺盤，邊緣擺上番薯片。

9. 湯汁倒入鍋中加熱，混合剩餘
的奶油與麵粉，再一點點地放入
高湯中，每次加入都要均勻攪
拌，做為用餐時的沾醬。

蔬菜串烤 CASSAVA AND VEGETABLE KEBABS

是道美味又迷人的非洲蔬菜料理，需以香辣的蒜味醬汁醃漬；若無法購得木薯，則可以番薯或山藥代替。

4 人份

材料

木薯 175g

洋蔥 1 顆，切片

茄子 1 條，切成一口大小

密生西葫蘆 1 條，切片

熟透的大蕉 1 條，切片

紅椒 1 條或青紅椒各半，切絲

櫻桃番茄 16 顆

蒜味醬：

檸檬汁 60ml

橄欖油 60ml

醬油 45-60ml

番茄糊 1 大匙

青辣椒 1 條，去籽切絲

洋蔥 1/2 顆，磨泥

蒜 2 瓣，拍碎

混合香料 1 小匙

乾燥百里香

米或蒸麥粉，上菜時用

1.將木薯去皮切塊，以沸水浸泡約 5 分鐘後取出，瀝乾水分。

2.將所有的蔬菜放入大碗中。

3.混合蒜味醬的材料後拌勻，再倒入蔬菜中，醃漬約 1-2 小時。

4.預熱烤架，串起蔬菜和番茄。

5.以小火烘烤約 15 分鐘，直到變軟變色，期間需不時來回翻轉並刷上醬汁。

6.同時，將蒜味醬倒入鍋中煮約 10 分鐘，直到略微收乾。

7.蔬菜串置於盤中，醬汁濾到罐中，與飯或蒸麥粉一起食用。

番薯煎培根 PAN-FRIED SWEET POTATOES WITH BACON

培根和洋蔥、番薯的甜味形成對比，而卡宴辣椒粉則增添香辣的口感。

4 人份

材料

番薯 675-900g
檸檬汁 1 顆量
中筋麵粉 1 大匙
卡宴辣椒 1 撮
葵花油 3 大匙
大洋型蔥 1 顆，切碎
培根 115g，切碎
麵包粉 50g
鹽

1.番薯去皮切成 4 cm 長，放入裝有沸水中並加入檸檬汁後，加鹽慢煮 8-10 分鐘，這時番薯塊應未變軟。

2.混勻麵粉、辣椒粉和鹽後，均勻灑在已撈出且瀝乾的番薯上。

3.加熱 1 大匙葵花油，翻炒洋蔥約 2 分鐘，再放入培根，以小火加熱 6-8 分鐘，直到洋蔥和培根變成金色後盛到盤中。

4.麵包粉放入鍋中翻炒約 1-2 分鐘，使其變成金黃色，再倒入盛有培根的盤中。

5.在鍋中加熱餘下的葵花油，放入番薯翻炒 5-6 分鐘，且變成棕色後，再倒入麵包粉和培根翻炒約 1 分鐘後起鍋即可。

婆羅門參奶油焗烤 SALSIFY GRATIN

菠菜為這道料理增添了色彩與美味,但若能購得足夠的婆羅門參,且有足夠的耐心去皮,那盡可捨棄菠菜而全部使用婆羅門參,素食者則可以蔬菜高湯取代雞肉高湯。

4人份

材料

婆羅門參 450g,切成 5 ㎝ 長
檸檬汁 1/2 顆量
菠菜 450g,修剪好
雞肉高湯 150ml
淡味鮮奶油 300ml
鹽及現磨黑胡椒

3. 在大鍋中以中火翻炒菠菜約 2-3 分鐘至菠菜變軟,並不時晃動鍋子。以另一小鍋小火燉高湯與鮮奶油並調味。

4. 烤盤中放入婆羅門參和菠菜,再淋上鮮奶油醬汁,放入烤箱烤約 1 小時,直到表面變成金棕色且冒泡。

1. 修去婆羅門參的兩端並去皮後立刻放入加有檸檬汁的水中,以防止婆羅門參變黑。

2. 烤箱預熱至 160 ℃,烤盤上抹奶油,鍋中倒入沸水和檸檬汁,再放入婆羅門參燉約 10 分鐘,直到變軟後取出瀝乾。

葉菜類料理

花椰菜雞肉千層麵 Broccoli and Chicken Lasagne

6 人份

材料

青花菜 450g，剝成小塊

雞胸肉 450g，去皮剔骨

葵花油 1 大匙

奶油 25g

洋蔥 1 顆，切碎

蒜 1 瓣，切碎

番茄糊 600ml

百里香 1/2 小匙

奧勒岡 1/2 小匙

烤好的千層麵約 12 片

乾乳酪 275g

巴馬乾酪 75g，磨碎

馬自拉乳酪 225g，切薄片

鹽及現磨黑胡椒

1.烤箱預熱至 180 ℃，烤盤抹上奶油，將青花菜蒸或煮軟後，取出瀝乾備用。

2.雞胸肉切條，以鍋加熱葵花油和奶油，翻炒雞胸肉直到變成淺棕色後取出備用。

3.洋蔥和蒜下鍋翻炒 3-4 分鐘直到洋蔥變軟，且呈金棕色。加入百里香、奧勒岡、番茄糊並調味，以中火翻炒 3-4 分鐘，需不時攪拌直到醬變得有點稠。

4.把一半的步驟 3 倒入烤盤中，放上一層千層麵，再加入各半的雞肉和青菜，撒上一點巴馬乾酪和乾乳酪，之後再放千層麵、番茄糊、雞肉、青花菜和巴馬乾酪，最後再鋪上千層麵。

5.表面放上馬自拉乳酪，再撒上乾乳酪，放入烤箱烤 30-35 分鐘，直至表面變成金黃色，即可食用。

焗烤青花菜 Broccoli Crumble

4 人份

材料

奶油或乳瑪琳 25g

青蒜 2 根，切片

中筋麵粉 25g

牛奶 150ml

水 120ml

青花菜 225g，剝成小塊

巴馬乾酪 25g

鹽及現磨黑胡椒

配料：

中筋麵粉 115g

乾羅勒 1 小匙

奶油或乳瑪琳 75g

麵包粉 50g

鹽 1 撮

1.烤箱預熱至 190 ℃，在鍋中融化奶油，翻炒青蒜約 2-3 分鐘直至變軟，倒入麵粉攪拌後倒入水和牛奶煮沸，再加入花椰菜並調味後半掩鍋蓋燉煮 5 分鐘。

2.加入巴馬乾酪，以適量的鹽和胡椒調味後，放入烤盤中。

3.混拌羅勒、鹽和麵粉，將奶油或乳瑪琳切碎，和粉類一起灑在青花菜上，放入烤箱烤約 20-25 分鐘直至變成金色。

菠菜煮加納立豆 Spinach and Cannellini Beans

這道適合於寒冷夜晚食用的美味菜餚可以任一種乾豆類作為食材,如黑眼豆、扁豆或鷹嘴豆,若選用罐裝豆子,則瀝乾水分以清水沖洗即可使用。

4 人份

材料

加納立豆 225g,泡一夜
橄欖油 4 大匙
白麵包 1 片
洋蔥 1 顆,切碎
番茄 3-4 顆,去皮切碎
辣椒粉 1 大撮
菠菜 450g
蒜 1 瓣,對切
鹽及現磨黑胡椒

1.豆子瀝乾放入鍋中,加水煮沸後煮 10 分鐘,再加蓋燜煮約 1 小時,直到豆子變軟再次瀝乾。

2.用煎鍋加熱 2 大匙油,將麵包煎成金黃色後起鍋。

3.加入 1 大匙油,以中火翻炒洋蔥直到變軟,但未變色,加入番茄繼續以中火烹煮。

4.在另一鍋加熱剩下的油,加入辣椒粉與菠菜,加蓋燜煮幾分鐘直到菠菜變軟。

5.加入步驟 3 後拌勻,再加入加納立豆,大蒜和麵包先以食物調理機打勻,再倒入菠菜和加納立豆中,加入 150ml 冷水,加蓋以中火煮 20-30 分鐘,視需要再加一點水。

菠菜酥皮派 SPINACH IN FILO WITH THREE CHEESE

當喜愛吃蔬菜和喜歡吃肉的人一起用餐時，這道料理是個不錯的選擇，因為不管他們的喜好為何，這道料理可滿足每個人的口味。

4人份

材料

菠菜 450g

葵花油 1 大匙

奶油 15g

小洋蔥 1 顆，切碎

瑞可它乳酪 175g

費他乳酪 115g，切丁

葛瑞爾乳酪或愛摩塔乳酪
75g，磨碎

新鮮細香蔥 1 大匙

新鮮香牛至 1 小匙，切碎

鹽及現磨黑胡椒

30cm 見方的酥皮 5 張

奶油 40-50g

1.烤箱預熱至 190 ℃，菠菜以中火煮約 3-4 分鐘，並不時搖動鍋子，直到葉子縮水，瀝乾並擠出多餘水分。

2.加熱油和奶油，洋蔥翻炒 3-4 分鐘直到變軟，離火後加入一半的菠菜攪拌，並以金屬大湯匙攪碎菠菜。

3.加入瑞可它乳酪後拌勻，再加入菠菜，以金屬大湯匙切碎菠菜並拌勻。加入其他乳酪、香牛至並調味。

4.砧板上鋪一張酥皮，塗上融化奶油，再蓋上另一張酥皮，再刷上奶油，依此法鋪好 5 張酥皮。

5.將餡放在酥皮上，平鋪成約 2.5 cm 厚，把周圍的酥皮向中間折疊後捲起。

6.接合的部分朝下放置，再擺到烘焙用紙上，刷上剩餘奶油，烘烤 30 分鐘直到變成金黃色。

菠菜義大利餃 Spinach Ravioli

自製義大利餃是很費時的，但是即使是商店中購得的最好的麵食也無法像它那麼新鮮，所以花費的功夫絕對值得的。為了填補時間，你可以依自己的喜好製作內餡，重點是：菠菜和乳酪的用量要平衡。

4人份

材料

新鮮菠菜 225g

奶油 40g

小洋蔥 1顆，切碎

巴馬乾酪 25g，磨碎

dolcellate 乳酪 40g，捏碎

新鮮巴西利 1大匙，切碎

鹽及現磨黑胡椒

巴馬乾酪薄片，上菜用

義大利餃：

高筋麵粉 350g

鹽 3/4 小匙

雞蛋 2顆

橄欖油 1大匙

1. 義大利餃：在大碗裡拌勻麵粉和鹽，加入蛋、橄欖油和3大匙冷水。若以手和麵團，從攪拌到麵團揉捏至光滑，約需15分鐘，或以攪拌器攪拌約1分半鐘，把麵團放在塑膠袋中醒1小時（若時間許可，則可放一夜）。

2. 在鍋中煮菠菜3-4分鐘，直到葉子變軟，瀝乾並擠出多餘湯汁，待涼後切碎。

3. 以鍋融化奶油，再以中火煎洋蔥5-6分鐘直到變軟，即可與菠菜、巴馬乾酪、dolcellate 乳酪、調味料一起放入碗中充分攪拌。

4. 在模型上抹油，取出 1/2 或 1/4 的麵團桿成約0.3cm厚麵皮，再把麵皮放到模型上，並壓好每一個方塊。

5. 在每個凹陷處填入一些菠菜，蓋上另一張麵皮，用桿麵棍均勻地封好麵皮口，再把做好的義大利餃切成小塊。

6. 大鍋中裝水煮沸，再把義大利餃放入煮約4-5分鐘至可以食用的程度，撈出後和剩下的奶油與巴西利一起攪拌。

7. 分成4份放在四個盤中，食用時再撒上巴馬乾酪。

烹調小技巧

若使用 32 孔的模型，則需將麵團分成4份，並桿至能合適地放在模型上的大小，這需要一些時間，而且麵團不能太厚否則口感會較差。

若使用 64 孔的大模型，則可將麵團分成2份。

花椰菜蝦仁天婦羅 Cauliflower, Prawn and Broccoli Tempura

所有蔬菜用日式油炸法烹煮都十分美味，較硬的蔬菜如花椰菜就很適合，甜椒或青椒和香菇都能裹上麵糊後油炸。

4 人份

材料

- 花椰菜 1/2 顆
- 青花菜 275g
- 生明蝦 8 隻
- 洋菇 8 朵（選用）
- 葵花油或植物油，油炸用
- 檸檬和香菜，裝飾用（選用）
- 醬油，上菜用

麵糊：

- 中筋麵粉 115g
- 鹽少許
- 雞蛋 2 顆，蛋白和蛋黃分開
- 冰水 175ml
- 葵花油或植物油 2 大匙

1. 把兩種花椰菜處理成小塊，水煮約 1-2 分鐘，撈起後用冷水沖洗備用。明蝦去殼但保留尾部，備用。

2. 麵糊： 麵粉和鹽放在碗裡，蛋黃和水先拌勻再加入麵粉中，充分攪拌做成黏稠的麵糊。

3. 拌入油後將蛋白打發，再加入麵糊中，把油加熱到 190℃，把蔬菜和明蝦裹上麵糊。

4. 油炸 2-3 分鐘，直到呈金黃色且蓬鬆，撈出並以紙巾吸去油脂，油炸期間需保持油溫。

5. 食用時，以檸檬和香菜裝飾，另以小碗盛裝醬油，以供蘸食。

烹調小技巧

可嘗試用相同方法烹煮其他蔬菜，如茄子和密生西葫蘆、花椰菜葉或芹菜葉。

花椰菜洋菇焗烤 Cauliflower and Mushroom Gougère

這是道是大家都會喜歡的蔬菜料理,若是替喜歡吃肉的人烹煮這道料理,則可加入烤火腿或炸培根。

4-6 人份

材料

水 300ml

奶油或乳瑪琳 115g

中筋麵粉 150g

雞蛋 4 顆

葛瑞爾乳酪 115g,切丁(切達乳酪亦可)

法式第戎芥末 1 小匙

鹽及現磨黑胡椒

內餡:

罐裝番茄 200g

葵花油 1 大匙

奶油或乳瑪琳 15g

洋蔥 1 顆,切碎

洋菇 115g,較大的需切開

小花椰菜 1 棵,剝成小塊

百里香莖

鹽及現磨黑胡椒

1.烤箱預熱至 200℃,在大烤盤中塗上奶油,在大鍋中加入水和奶油,加熱至奶油融化,離火並加入麵粉。用大木匙充分攪拌 30 秒鐘,直到光滑再慢慢冷卻。

2.加入雞蛋攪打至光滑黏稠,再拌入乳酪和芥末,並用鹽和胡椒調味,把麵糊鋪在烤盤周圍,中間則留著填內餡。

3.內餡:番茄以食物調理機打成糊,倒入量杯中,加入足夠的水調成 300ml。

4.熱油後,煎洋蔥 3-4 分鐘直到洋蔥變軟,但未呈棕色,加入花椰菜炒約 1 分鐘。

5.加入番茄糊、百里香並調味,不加蓋以中火煮約 5 分鐘,直到花椰菜變軟。

6.把步驟 5 舀到烤盤中間,加入所有的湯汁。以烤箱烤 35-40 分鐘,直到酥皮呈金黃色且膨脹。

烹調小技巧

亦可加入火腿或培根,用約 115-150g 厚片烤火腿,在步驟 5 完成後加入醬中即可。

巴爾蒂鍋菜 BALTI-STYLE CAULIFLOWER WITH TOMATOES

這是種使用香料烹煮肉類和蔬菜的烹調法，源於巴基斯坦和北印度，這道料理的名字是指用於烹調的鍋具，
如果沒有真正的巴爾蒂鍋，則可以中式鍋或深底煎鍋替代。

4人份

材料

植物油 2 大匙

洋蔥 1 顆，切碎

蒜 2 瓣，拍碎

花椰菜 1 棵，剝成小塊

香菜籽 1 小匙，磨碎

小茴香 1 小匙，磨碎

茴香籽 1 小匙，磨碎

什香粉 1/2 小匙

薑末少許

辣椒粉 1/2 小匙

梨形番茄 4 顆，去皮籽切 4 份

水 175ml

新鮮菠菜 175g，大致切碎

檸檬汁 15-30ml

鹽及現磨黑胡椒

1. 以巴爾蒂鍋熱油，加入洋蔥和蒜用大火炒 2-3 分鐘，直到洋蔥呈棕色，加入花椰菜炒 2-3 分鐘，直到花椰菜出現棕色斑點。

2. 加入香菜籽、小茴香、茴香籽、什香粉、薑和辣椒粉，用大火煮 1 分鐘並不斷攪拌，加入番茄、水、鹽和胡椒，沸騰後轉小火加蓋煮約 5-6 分鐘，直到花椰菜變軟。

3. 放入菠菜加蓋煮 1 分鐘直到菠菜變軟，加入足夠的檸檬汁提味後調味。

4. 起鍋後即可食用，可與印度料理或雞肉、豬肉一起食用。

炒甘藍菜心 Stir-fried Brussels Sprouts

4人份

材料

　　抱子甘藍 450g

　　葵花油 1 大匙

　　青蔥 6-8 根，切成 2.5 cm 長條

　　鮮薑 2 塊

　　杏仁片 40g

　　蔬菜或雞肉高湯 150-175ml

　　鹽

1. 去除抱子甘藍較老的葉片，修整莖部，切成 0.7cm 厚薄片。

2. 在鍋中加熱葵花油，放入洋蔥和薑翻炒約 2-3 分鐘，加入杏仁，繼續用中火翻炒，直至洋蔥和杏仁變成棕色。

3. 取出薑並丟棄，轉小火倒入抱子甘藍，翻炒幾分鐘後倒入高湯繼續翻炒幾分鐘，直到抱子甘藍煮軟。

4. 視需要放入一點鹽，轉中火收乾湯汁，盛入加熱過的餐盤中，即可食用。

抱子甘藍焗烤 Brussels Sprouts Gratin

4人份

材料

　　奶油 15g

　　打發鮮奶油 150ml

　　牛奶 150ml

　　巴馬乾酪 25g，磨碎

　　抱子甘藍 675g，切薄片

　　蒜 1 瓣，切碎

　　鹽及現磨黑胡椒

1. 烤箱預熱至 150℃，烤盤塗上奶油。將牛奶、鮮奶油、巴馬乾酪一起拌勻並適當調味。

2. 在烤盤中放入一層抱子甘藍薄片、一點蒜泥，倒入 1/4 的步驟 1，並重複此步驟疊出 4 層。

3. 以防油紙密封，在烤箱烤約 60-75 分鐘，約 30 分鐘時除去防油紙，把抱子甘藍壓入湯汁中，放入烤箱繼續烤至呈棕色。

涼拌青江菜 Pak-Choi with Lime Dressing

這是道泰國料理，傳統的做法是在椰奶中加入魚露，但素食者可以蘑菇醬取代魚露。記住，這可是一道「火辣辣」的料理！

4人份

材料

青蔥6根
青江菜2棵
油2大匙
新鮮紅辣椒3條，切細絲
蒜4瓣，切薄片
花生1大匙，拍碎

醬汁：

魚露1-2大匙
檸檬汁2大匙
椰奶250ml

1.醬汁：將魚露和檸檬汁拌勻後倒入椰奶即可。

2.將青蔥斜切，並將蔥白和蔥綠分開放置。

3.青江菜切絲。

4.在鍋中熱油，放入紅辣椒翻炒2-3分鐘至變脆後裝盤。

5.蒜翻炒30-60秒直到變成棕色，和紅辣椒盛同一盤。

6.蔥白翻炒2-3分鐘，倒入蔥綠翻炒約1分鐘，盛入同一盤中。

7.在另一鍋中倒入鹽水煮青江菜，攪拌兩次後撈出瀝乾。

8.將青江菜盛入碗中，淋上醬汁並拌勻後盛入碗中，撒上花生和步驟6，冷食熱食均可。

烹調小技巧

可以椰子油代替罐裝椰奶，若選用椰子油，將15g椰子油放入250ml水中加熱融化，並不時攪拌。

葡萄葉卷 Dolmades

這是道典型的希臘料理，若無法購得新鮮的葡萄葉，則可以鹽水醃漬的葡萄葉代替。首先需把這些葉子以熱水浸泡 20 分鐘後洗淨晾乾備用。

20-24 份

材料

新鮮葡萄嫩葉 20-30 片

橄欖油 2 大匙

大洋蔥 1 顆，切碎

蒜 1 瓣，拍碎

熟的長粒香米飯 225g，或混合白米和寬米

松子 3 大匙

杏仁片 1 大匙

葡萄乾 40g

細香蔥 1 大匙，切碎

新鮮薄荷 1 大匙，切碎

檸檬汁 1/2 顆量

白酒 150ml

熱蔬菜高湯

鹽及現磨黑胡椒

薄荷，裝飾用

希臘優格，上菜用

1.將水以大鍋煮沸後放入葡萄葉煮約 2-3 分鐘，葡萄葉煮 1 分鐘即變軟顏色變深，再煮 1 分鐘使其葉子在包裹食物時不被折斷。若選用醃漬葡萄葉則以熱水浸泡幾分鐘直到變軟，且分開相黏的葉子後以冷水洗淨並用紙巾晾乾。

2.以小鍋熱油後放入洋蔥和蒜以中火翻炒 3-4 分鐘，直到變軟後盛入碗中並加入米飯。

3.放入 2 大匙的松子、杏仁、葡萄乾、細香蔥、薄荷與檸檬汁拌勻並適當調味。

4.葡萄葉脈朝上鋪在工作台上，將滿滿一匙內餡放在莖上，左右折起蓋住內餡後捲起，以相同方法完成其他葡萄葉卷。

5.將四片葡萄葉鋪在大鍋底部，按順序將葡萄葉卷擺放整齊，封口朝下且只擺一層。

6.白酒和高湯倒入鍋中，需剛好淹過葡萄葉卷，蓋後以中火蒸 30 分鐘，期間需不斷檢查以避免水分收乾。

7.取出放冷後，再撒上松子、薄荷和一點優格，即可食用。

豆類與其種子料理

摩洛哥風味古司古司 Lamb and Broad Bean Couscous

4 人份

材料

植物油 2-3 大匙

瘦羊肉 350g，切丁

無皮雞肉 3 片，切絲

大洋蔥 1 顆，切碎

蒜 2 瓣，拍碎

胡蘿蔔 3 條，切成每段 4 cm

小型歐洲防風草 1 條，切大塊

番茄 4 顆，去皮切碎

雞肉高湯 400ml

肉桂 1 枝

薑末 1/2 小匙

百里香莖

小型紅椒或青椒 1 條，去籽切絲

去皮蠶豆 225g

塔巴斯哥辣醬或辣椒醬 1-2 小匙

鹽及現磨黑胡椒

古司古司：

蒸麥粉 400g

橄欖油 1 大匙

鹽少許

1. 在鍋中加熱 2 大匙油，翻炒羊肉塊直到變成棕色。瀝乾並放入盤中。加入雞肉絲翻炒成棕色，瀝乾放入同一盤中。

2. 加熱 1 大匙油，以中火炒洋蔥和蒜 4-5 分鐘直到變軟，加入胡蘿蔔和歐洲防風草，大火炒幾分鐘後加入番茄、高湯、肉桂、薑、百里香並調味再加入已炒好的肉。不斷翻炒至水沸，加蓋以小火煮 45-60 分鐘，直到肉質柔軟。

3. 同時在大碗中混合橄欖油、鹽和蒸麥粉，加入約 120ml 熱水，

攪拌至略微膨脹，擱置 5-10 分鐘，放入鍋中加蓋蒸約 15 分鐘。

4. 步驟 2 加入甜椒和蠶豆，用小火燉 10 分鐘直到蔬菜煮熟。

5. 食用前，鍋中放入約 2/3 杯的步驟 4 湯汁，加入少量塔巴斯哥辣醬並以小火加熱。加入更辣的醬，倒入一個溫熱的容器。

6. 把蒸麥粉放入大盤中，倒上蔬菜，並拌入辣醬一起食用。

法式鄉村蠶豆 Broad Beans à la Paysanne

4 人份

材料

橄欖油 1 大匙

洋蔥 1 顆，切碎

瘦火腿 75g，切厚丁

去皮蠶豆 350g

小萵苣 2 顆，切碎

雞肉高湯或蔬菜高湯 75ml

淡味鮮奶油 50ml

鹽及現磨黑胡椒

薄荷或細香蔥，裝飾用

1. 在鍋中加熱橄欖油，炒火腿和洋蔥直至鬆軟，加入蠶豆和萵苣，加蓋用小火煮 6-8 分鐘並不斷翻炒。

2. 加入高湯、鮮奶油並調味，以小火不斷翻炒 20-30 分鐘，不要把豆子炒碎。

3. 盛入盤中，以薄荷或細香蔥點綴，可與烤肉或煎蛋一起食用。

烹調小技巧

大蠶豆有時外皮較硬，水煮是個好辦法，剝去外皮，就是柔軟且嫩綠的豆子。

豌豆焗洋蔥 Peas with Baby Onions and Cream

最好選用新鮮豌豆和嫩洋蔥，若找不到新鮮的，則冷凍豌豆也是很好的替代品，但冷凍洋蔥的味道不夠，所以沒有使用價值，請以蔥綠取代。

4 人份

材料

嫩洋蔥 175g

奶油 15g

新鮮豌豆 900g（去皮或冷凍豌豆 350g）

濃味鮮奶油 150ml

中筋麵粉 15g

巴西利 2 小匙，切碎

檸檬汁 1-2 大匙（選用）

鹽及現磨黑胡椒

3.使用小攪拌器，拌勻鮮奶油和麵粉，離火加入鮮奶油和麵粉、巴西利並調味。

4.以小火加熱 3-4 分鐘，直到湯變稠並適當調味，可依個人喜好加入一點檸檬汁。

1.洋蔥去皮，視需要切開。以鍋融化奶油，並以中火炒洋蔥 5-6 分鐘，直到出現棕色。

2.加入豌豆炒幾分鐘後加入 120ml 水煮沸，加蓋煮 10 分鐘直到豌豆和洋蔥變軟。

荷蘭豆炒雞肉 MANGE-TOUT WITH CHICKEN AND CORIANDER

荷蘭豆的口感細膩清爽，可以加上一點奶油或醋油醬食用，荷蘭豆拌炒後非常美味，且更增添了顏色和形態的美感。

4 人份

材料

> 無骨、去皮雞胸肉 4 塊
> 荷蘭豆 225g
> 植物油 3 大匙，加上油炸用油
> 蒜 3 瓣，切碎
> 鮮薑 2.5 cm，磨碎
> 青蔥 5-6 根，切成 4 cm 長
> 芝麻油 2 小匙

醃料：

> 玉米粉 1 小匙
> 淡色醬油 1 大匙
> 雪利酒 1 大匙（medium dry）
> 植物油 1 大匙

醬料：

> 玉米粉 1 小匙
> 深色醬油 2-3 小匙
> 雞肉高湯 120ml
> 蠔油 2 大匙
> 米飯，上菜用

1.雞肉切成約 1 cm × 4 cm 條狀，混合玉米粉和醬油，再加入雪利酒和植物油，倒入雞肉使其均勻裹上，再放置 30 分鐘。

2.以沸鹽水煮去頭尾的荷蘭豆，水再次沸騰後撈出以冷水沖洗。

3.醬料：混勻玉米粉、醬油、高湯、蠔油備用。

4.大火熱油，雞肉瀝乾後油炸，視需要分批油炸，待約 30 秒雞肉呈褐色後，撈出瀝乾並裝盤。

5.鍋中加熱 1 大匙植物油，加入蒜和生薑炒 30 秒鐘，加入荷蘭豆炒 1-2 分鐘後裝盤保溫。

6.鍋中加熱剩下的植物油，加入洋蔥炒 2 分鐘。倒入醬料，轉小火煮至湯汁變稠再處理雞肉。

7.醬料拌入芝麻油後淋在荷蘭豆上，即可和米飯一起食用。

四季豆沙拉 French Bean Salad

雖然四季豆沙拉加上香醋醬就非常美味，但這個食譜看來有些複雜，不過確實增添了四季豆的新鮮味道。

4 人份

材料

四季豆 450g

橄欖油 1 大匙

奶油 25g

蒜 1/2 瓣，拍碎

麵包粉 50g

新鮮巴西利 1 大匙，切碎

水煮蛋 1 顆，切碎

醬汁：

橄欖油 2 大匙

葵花油 2 大匙

白酒醋 2 小匙

蒜 1/2 瓣，拍碎

法式第戎芥末 1/4 小匙

糖少許

鹽少許

3. 在煎鍋中熱油和奶油，炒蒜 1 分鐘後加入麵包粉，以中火炒 3-4 分鐘並不斷翻攪，直到麵包粉變成金棕色。

4. 離火加入巴西利，接著放入雞蛋，煮好後與麵包粉一起灑在四季豆上。

1. 以沸鹽水煮已去頭尾的四季豆約 5-6 分鐘直到變軟，瀝乾後以冷水沖洗，並置入碗中。

2. 混合油、醋、蒜、法式芥末、糖和鹽，淋在四季豆上並拌勻。

烹調小技巧

可以洗淨的 450g 馬鈴薯，水煮至鬆軟，放涼後切成一口大小，加入四季豆中攪拌再淋上醬汁。

奶油青豆培根 FRENCH BEANS WITH BACON AND CREAM

<u>4 人份</u>

材料

　四季豆 350g

　培根 50-75g，切碎

　奶油或乳瑪琳 25g

　中筋麵粉 1 大匙

　混合牛奶和淡味鮮奶油 350ml

　鹽及現磨黑胡椒

2.培根炒至鬆脆後加入四季豆。

3.在鍋中融化奶油或乳瑪琳，倒入牛奶和鮮奶油做成均勻細膩的醬，並以鹽和胡椒調味。

4.把醬倒在四季豆上並拌勻，以鋁箔紙密封，放入烤箱烤 15-20 分鐘直到變熱。

1.烤箱預熱至 190 ℃，以沸鹽水煮去頭尾的四季豆約 5 分鐘直到變軟，瀝乾後放入烤盤中。

蒜味紅花菜豆 Runner Beans with Garlic

口感細膩鮮美的 Flageolet 豆，加上蒜獨特的鮮味形成了這道料理，可和羊肉或牛肉一起食用。

4 人份

材料

- Flageolet 豆 225g
- 橄欖油 1 大匙
- 奶油 25g
- 洋蔥 1 顆，切碎
- 蒜 1-2 瓣，拍碎
- 番茄 3-4 顆，去皮切丁
- 紅花菜豆 350g，去頭尾後斜切
- 白酒 150ml
- 蔬菜湯 150ml 約 2/3 杯
- 新鮮巴西利 2 大匙，切碎
- 鹽及現磨黑胡椒

2.在煎鍋中加熱油和奶油，把蒜和洋蔥煎 3-4 分鐘，加入番茄，繼續以小火煮到變軟。

3.Flageolet 豆拌入步驟 2，加入紅花菜豆、白酒、高湯與少許鹽，混勻後加蓋煮約 5-10 分鐘，直到紅花花豆變軟。

1.Flageolet 豆以沸水煮 45 分鐘-1 小時，直到變得鬆軟後瀝乾。

4.以大火收乾水分，加入巴西利、鹽，可視需要加入黑胡椒。

印度風秋葵 INDIAN-STYLE OKRA

當你在印度餐館吃秋葵時，你可能會覺得它嘗起來平淡無味，但那是因為炒的時間過長或過短所致。然而，當你親自烹飪時，你就會發現它是相當美味的。

4人份

材料

秋葵 350g
小洋蔥 2 顆
蒜 2 瓣，拍碎
鮮薑 1 ㎝
青辣椒 1 條，去籽
小茴香 2 小匙，磨碎
香菜籽 2 小匙，磨碎
植物油 2 大匙
檸檬汁 1 顆量

3.轉小火，加入步驟 1 煮約 2-3 分鐘並不斷翻炒，再加入秋葵、檸檬汁和 105ml 水拌勻後，加蓋煮約 10 分鐘直到變得鬆軟，盛盤並撒上洋蔥圈即可食用。

1.秋葵去頭尾後，切成 1 ㎝ 長，洋蔥 1 顆切塊，和蒜、薑、辣椒與 90ml 水一起以食物調理機攪拌成糊狀，加入小茴香、香菜籽並再次攪拌。

2.剖開剩餘的洋蔥並切絲，油炸 6-8 分鐘直到變成金棕色，撈出後瀝乾裝盤。

甜玉米乳酪餡餅 Sweetcorn and Cheese Pasties

這種美味的餡餅非常容易做，而且非常好吃，就像熱蛋糕一樣受歡迎。

18-20 份

材料

- 甜玉米 250g
- 費他乳酪 115g
- 蛋 1 顆，打散
- 打發鮮奶油 30ml
- 巴馬乾酪 15g，磨碎
- 青蔥 3 根，切碎
- 小酥皮 8-10 張
- 奶油 115g，融化
- 現磨黑胡椒

1. 烤箱預熱至 190℃，在 2 個烤模中抹奶油。

2. 若用新鮮玉米粒，則以加入少許鹽的水煮 3-5 分鐘直到變軟。罐裝玉米需瀝乾後以冷水洗淨。

3. 在碗中攪碎費他乳酪，加入甜玉米粒、雞蛋、奶油、巴馬乾酪、洋蔥、黑胡椒拌勻。

4. 將一張酥皮切成兩半使成方形（需保持剩餘酥皮濕潤）。塗上融化奶油並折成四瓣，形成約 7.5 cm的方塊。

5. 酥皮中心填入一匙步驟 3 的餡，包成「小荷包」的形狀。

6. 繼續製作其他餡餅直到內餡用完。每一個餡餅外都塗上剩餘奶油，以烤箱烤約 15 分鐘，直到變成金黃色，趁熱食用。

甜玉米扇貝切達濃湯 Sweetcorn and Scallop Chowder

雖然罐裝和冷凍甜玉米的口感也不錯,但自家種的新鮮甜玉米是這道濃湯的最佳食材。這道湯甚至可以當成正餐,而且也是午餐的最佳選擇。

4-6 人份

材料

玉米 2 根或 200g 冷凍或罐裝
玉米粒
牛奶 600ml
奶油或乳瑪琳 15g
小青蒜或洋蔥 1 顆,切碎
培根 40g,切碎
蒜 1 小瓣,拍碎
小青椒 1 個,去籽切丁
芹菜 1 支,切丁
中型馬鈴薯 1 顆,切丁
中筋麵粉 1 大匙
雞肉高湯或蔬菜高湯 300ml
扇貝 4 個
煮好的新鮮淡菜 115g
辣椒粉少許
淡味鮮奶油 150ml(選用)
鹽及現磨黑胡椒

1.用刀削下玉米粒,把一半玉米粒和少許牛奶混合,以食物調理機攪打。

2.加熱奶油或乳瑪琳,以中火炒青蒜或洋蔥、培根、蒜約 4-5 分鐘,直到青蒜變軟,但未變色。加入青椒、芹菜和馬鈴薯,以中火加熱 3-4 分鐘並不斷翻炒。

3.加入麵粉,以大火煮約 1-2 分鐘,直到變成金黃色且冒泡。緩緩加入步驟 1、高湯與剩下的玉米粒並調味。

4.煮沸後轉中火半掩鍋蓋煮約 15-20 分鐘直到蔬菜變軟。

5.取出貝肉並切成 5 mm 細絲後放入湯中煮約 4 分鐘,接著放入扇貝卵巢、淡菜與辣椒粉。加熱幾分鐘後加入鮮奶油並調味。

南瓜屬植物料理

南瓜義大利燉飯 Onion Squash Risotto

4 人份

材料

美國南瓜 1 顆，約 900g-1kg

橄欖油 2 大匙

洋蔥 1 顆，切碎

蒜 1-2 瓣，拍碎

培根 115g，切碎

義式阿波羅米 115g

雞肉高湯 600-750ml

巴馬乾酪 40g，磨碎

新鮮巴西利 1 大匙，切碎

鹽及現磨黑胡椒

1. 把南瓜剖開或切成四半，去籽和皮並切成 1-2 cm 小塊。

2. 加熱少許油，煎洋蔥和蒜約 3-4 分鐘並不斷翻炒，加入培根繼續炒到洋蔥和培根呈金黃色。

3. 加入南瓜炒幾分鐘，再加入米煮約 2 分鐘並不斷翻炒。

4. 倒入一半的高湯並調味，翻炒後虛掩鍋蓋煮約 20 分鐘並不斷翻炒。每當湯汁收乾便再加入高湯以免食物黏到鍋底。

5. 當南瓜和飯都變軟後加入高湯，不加蓋煮約 5-10 分鐘，放入巴西利、巴馬乾酪即可食用。

南瓜濃湯 Pumpkin Soup

南瓜的甜味在湯中更加美味，搭配其他的開胃菜口感更好，如洋蔥、馬鈴薯就很適合。

4-6 人份

材料

葵花油 1 大匙

奶油 25g

大洋蔥 1 顆，切絲

南瓜 675g，切大塊

馬鈴薯 450g，切片

蔬菜高湯 600ml

肉豆蔻 1 大撮

新鮮龍蒿 1 小匙，切碎

牛奶 600ml

檸檬汁 1-2 小匙

鹽及現磨黑胡椒

1. 在鍋中加熱油和奶油，以中火煎洋蔥 4-5 分鐘，直到變軟變棕色並不斷翻炒。

2. 加入南瓜和馬鈴薯翻炒，加蓋以小火蒸約 10 分鐘直到變軟，期間需不時翻炒以免黏到鍋底。

3. 加入高湯、肉豆蔻、龍蒿並調味。煮沸後蒸約 10 分鐘，直到蔬菜完全變軟。

4. 冷卻後，倒入食物調理機中打到滑順，再倒入另一鍋中，加入牛奶並以中火加熱，加入檸檬汁後調味，即可趁熱與黑麵包一起食用。

乳酪烤西葫蘆 Baked Courgettes

這道料理使用的嫩密生西葫蘆其口感非常好，既簡單又美味，乳酪的味道較溫和，但卻和密生西葫蘆細膩的口感搭配得宜。

4人份

材料

嫩西葫蘆 8 條，共約 450g 重
橄欖油 1 大匙
山羊乳酪 75-115g，切細條
新鮮薄荷 1 束，切碎
現磨黑胡椒

1.烤箱預熱至 180 ℃，剪 8 張比西葫蘆略大的鋁箔紙，並抹油。

2.修剪西葫蘆並切出一道縫。

3.塞入山羊乳酪、薄荷、橄欖油與黑胡椒。

4.用鋁箔紙個別包好後，以烤架烘烤約 25 分鐘直到變軟。

烹調小技巧

幾乎所有乳酪都能用於這道料理，口味溫和的乳酪，如切達乾酪或馬自拉乳酪也都很適合搭配西葫蘆。

義大利風西葫蘆 Courgettes Italian-style

本料理需使用高級橄欖油和葵花油，因為橄欖油有種清香的味道，但不會蓋過西葫蘆的味道。

4人份

材料

- 橄欖油 1 大匙
- 葵花油 1 大匙
- 大洋蔥 1 顆，切碎
- 蒜 1 瓣，拍碎
- 中型西葫蘆 4-5 條，切 1 cm 厚片
- 雞肉高湯或蔬菜高湯 150ml
- 切好的奧勒岡 1/2 小匙
- 鹽及現磨黑胡椒
- 新鮮巴西利，切碎裝飾用

3.倒入高湯、奧勒岡並調味，中火煮約 8-10 分鐘直到湯汁收乾。裝盤後撒上巴西利即可食用。

1.在鍋中加熱橄欖油，以中火煎洋蔥和大蒜 5-6 分鐘直到洋蔥變軟且呈棕色。

2.加入西葫蘆不斷翻炒約 4 分鐘，直到出現棕色斑點。

義大利貝殼麵 Marrows with Gnocchi

這是種葫蘆的簡易煮法，適合與烤肉一起食用，也很適合與蔬菜或烤番茄一起食用。在很多超市都能買到義大利貝殼麵，義大利的熟食店則能買到新鮮的義大利貝殼麵。

4 人份

材料

小葫蘆 1 條，切成一口大小

奶油 50g

袋裝義大利貝殼麵 400g

蒜 1/2 瓣，拍碎

鹽及現磨黑胡椒

新鮮羅勒，切碎裝飾用

1. 烤箱預熱至 180℃，在烤盤上抹奶油，放入葫蘆，並淋上剩餘奶油。

2. 把兩片塗上奶油的防油紙放在烤盤上，加蓋後壓上重物。

3. 放入烤箱烤約 15 分鐘，此時葫蘆應已變軟。

4. 鍋中倒入鹽水，煮沸後放入義大利貝殼麵煮 2-3 分鐘，或依包裝說明烹煮後撈出瀝乾。

5. 把蒜和義大利貝殼麵拌入葫蘆中，調味後再蓋上防油紙烤約 5 分鐘（不需壓重物）。

6. 食用前，撒上一點新鮮羅勒。

巴西利烤葫蘆 Baked Marrow in Parsley Sauce

這是一道簡單又方便製作的好菜，找一個較小、新鮮而又無瑕疵的葫蘆來做這道料理，味道會更甜美、新鮮而細膩。嫩葫蘆不需要去皮，但成熟的就需要。

4 人份

材料

小葫蘆 1 條，約 900g

橄欖油 2 大匙

奶油 15g

洋蔥 1 顆，切碎

中筋麵粉 1 大匙

混合牛奶和淡味鮮奶油 300ml

新鮮巴西利 2 大匙，切碎

鹽及現磨黑胡椒

1. 烤箱預熱至 180 ℃，葫蘆切成約 5 × 2.5 cm 大小。

2. 在鍋中加熱橄欖油，以中火炒洋蔥直到變軟。

3. 加入葫蘆煎 1-2 分鐘後，加入麵粉煮幾分鐘，再加入牛奶和鮮奶油。

4. 加入巴西利並調味，充分混勻後加蓋以烤箱烤約 30-35 分鐘。在最後 5 分鐘掀蓋，讓頂端的西葫蘆變成棕色。亦可沾醬食用。

烹調小技巧

新鮮羅勒或細香蔥與羅勒都很適合加入這道料理中。

黃瓜鱒魚慕斯 Cucumber and Trout Mousse

清淡的慕斯襯托出小黃瓜的清爽味，此料理可與蔬菜沙拉作為清淡午餐的開胃菜，也可撒上一點細香蔥與檸檬薄片。

6人份

材料

黃瓜 1 條

燻鱒魚排 2-3 片，共 175g 重

乾乳酪 115g

吉利丁粉 1 大匙

蔬菜高湯 150ml

不辣的紅辣椒 12-14 條，切絲

檸檬汁 2 大匙

新鮮龍蒿 1 小匙，切碎

打發鮮奶油 150ml

蛋白 2 個

鹽及現磨黑胡椒

蝦仁與萵苣葉，裝飾用

醬汁：

吉利丁粉 1 大匙

蔬菜高湯 90ml

1. 在 6 個烤模上抹油，製作醬汁：將 1/4 黃瓜切薄片，高湯中加入吉利丁粉，擱置幾分鐘後隔水加熱並攪拌至完全融化。

2. 每個烤模中舀入一點凝膠並放上 2-3 片黃瓜，以冰箱冷藏至凝固後倒入剩餘凝膠再次放入冰箱裡凝固。

3. 慕斯：切碎剩餘的黃瓜並放入碗中，把魚切成薄片，去皮和骨頭，加入黃瓜，再拌入乾乳酪。

4. 在碗中混勻吉利丁與 2 大匙水後靜置幾分鐘後，隔水加熱並攪拌直到融化。

5. 加熱高湯並拌入吉利丁後，使其冷卻但不要凝固。淋在步驟 3 上，加入橄欖油、檸檬汁和龍蒿並調味料。

6. 鮮奶油稍稍打發，蛋白則打至乾性發泡，蛋白、鮮奶油依次倒入鱒魚中，將慕斯盛入烤模中並將表面抹平，冷卻 1-2 小時，脫模即可食用。

7. 以蝦仁點綴，並佐以萵苣葉或龍蒿一起食用。

普羅旺斯燉菜 Loofah and Aubergine Ratatouille

絲瓜和西葫蘆的味道相似，因此適合與茄子、番茄一起食用。一定要使用嫩絲瓜，且要除去粗糙的外皮，否則會非常硬。

4 人份

材料

大型茄子1條或中型的2條
嫩絲瓜450g
大型紅甜椒1個，切成大塊
櫻桃番茄225g
珠蔥225g，去皮
香菜籽2小匙，磨碎
橄欖油4大匙
蒜2瓣，切碎
香菜葉少許
鹽及現磨黑胡椒

1.茄子切厚塊，撒上一點鹽，置於湯網中靜置約45分鐘後以冷水沖洗並瀝乾。

2.烤箱預熱至220℃，去掉絲瓜皮，切成2㎝片。把茄子、絲瓜、甜椒、番茄、珠蔥一起放在大烤盤中，使所有蔬菜都能接觸到盤底。

3.撒上香菜和橄欖油，放上蒜末、香菜葉與其他調味料。

4.烤25分鐘並不時翻動，直到絲瓜變成金棕色，而甜椒邊緣呈現黑色。

219

果菜類料理

焗烤茄子 Aubergine and Courgette Bake

4-6 人份

材料

大茄子 1 條
鹽及現磨黑胡椒
橄欖油 2 大匙
大洋蔥 1 顆，切碎
蒜 1-2 瓣，拍碎
番茄 900g，去皮，切碎
羅勒葉 1 把，切絲或乾羅勒葉 1 小匙，切碎
新鮮巴西利 1 大匙，切碎
節瓜 2 條，切薄片
中筋麵粉，裹粉用
葵花油 5-6 大匙
馬自拉乳酪 350g，切薄片
巴馬乾酪 25g，磨碎

1. 茄子切片後撒鹽，醃漬 45 分鐘-1 小時。在鍋中加熱橄欖油，放入洋蔥和蒜瓣炒至變軟。倒入番茄、一半的羅勒葉、巴西利並調味。煮沸後，轉小火候煮約 20-35 分鐘，直到湯汁變稠，在此期間需經常攪拌以免黏鍋。

2. 在另一鍋中，加熱葵花油，放入已清洗瀝乾，且裹有麵粉的茄子片和節瓜片，煎至金黃色後撈出備用。

3. 烤箱預熱至 180 ℃，用奶油塗抹烤盤，接著在盤中擺一層茄子，再擺一層節瓜。倒入 1/2 的步驟 1 的醬汁、撒上 1/2 的馬自拉乳酪、大部分的羅勒葉和一點巴西利。重複以上步驟，最後撒上巴馬乾酪和剩下的所有蔬菜，再放入烤箱中烘烤 30-35 分鐘即可食用。

炸茄子佐黃瓜沙拉 Aubergine with Tzatziki

4 人份

材料

中型茄子 2 條
油，油炸用

麵糊：

中筋麵粉 75g
雞蛋 1 顆
牛奶 120ml-150ml 或牛奶與水各半
鹽少許

黃瓜沙拉：

黃瓜半條，去皮切丁
天然優格 150ml
蒜 1 瓣，拍碎
新鮮薄荷 1 大匙，切碎

1. 黃瓜沙拉：黃瓜丁置於濾網中，撒鹽醃漬約 30 分鐘後沖淨，再以廚房紙巾吸去水分。優格、蒜瓣、薄荷與黃瓜丁放入碗中拌勻並加蓋，放入冰箱冷藏備用。

2. 麵糊：大碗中放入麵粉和鹽，倒入雞蛋和牛奶攪拌至光滑。

3. 茄子薄片洗淨後以廚房紙巾拍乾，在鍋內倒入 1 ㎝深的油並加熱，把茄子薄片裹上麵糊後，下鍋炸 3-4 分鐘，直到表面變成金黃色，翻面繼續炸。最後以廚房紙巾吸去茄子薄片的多餘油脂，搭配黃瓜沙拉一起食用。

西班牙 GAZPACHO 冷湯 GAZPACHO

這是道經典的西班牙料理，在西班牙各地都十分流行，尤以安達盧西亞地區最受歡迎。在當地，這道料理有上百種的變化，此道湯品以番茄、番茄汁、青椒和蒜製成，食用時多以各種菜裝飾。

4 人份

材料

　　熟番茄 1.5 公斤
　　青椒 1 個，去籽切碎
　　蒜 2 瓣，拍碎
　　白土司 2 片，去邊
　　橄欖油 4 大匙
　　龍蒿酒醋 4 大匙
　　番茄汁 150ml
　　糖 1 小撮
　　鹽及現磨黑胡椒
　　冰塊，佐餐用

裝飾菜：

　　葵花油 2 大匙
　　白土司 2-3 片，切丁
　　小黃瓜 1 條，去皮切丁
　　小洋蔥 1 顆，切碎
　　紅椒 1 個，去籽切丁
　　青椒 1 個，去籽切丁
　　水煮蛋 1 顆，切碎

1.番茄去皮切四片並去籽。

2.甜椒以食物調理機攪打幾秒鐘後倒入番茄、蒜、白土司、橄欖油和龍蒿酒醋拌勻。再放入番茄汁、糖、調味料攪打成稠狀。

3.把步驟 2 倒進碗中並放進冰箱冷藏至少 2 小時，但不要超過 12 小時，否則口感會變差。

4.白土司丁：在煎鍋中熱油，將白土司以中火炸約 4-5 分鐘，直到表面變成金黃色，撈出以廚房紙巾吸去油脂。

5.將裝飾菜分別盛裝，或置於大盤子裡。

6.上桌食用前，在冷湯中倒入一些冰塊，再把湯舀進湯碟裡並撒上裝飾菜。

番茄羅勒派 Tomato and Basil Tart

在法國，蛋糕店的櫥窗裡經常展示著令人垂涎三尺的派或塔，以下介紹的這種派有著酥脆的皮，內餡為切成薄片的馬自拉乳酪和番茄，並以橄欖油和羅勒葉點綴。雖然製作過程十分簡單，但味道絕對可口。

4人份

材料

馬自拉乳酪 150g，切薄片

大型番茄 4 顆，切厚片

羅勒葉 10 片左右

橄欖油 2 大匙

蒜 2 瓣，切薄片

海鹽及現磨黑胡椒

派皮：

中筋麵粉 115g

奶油或乳瑪琳 50g

蛋黃 1 個

鹽 1 小撮

1.派皮：混合鹽與麵粉再揉進奶油和蛋黃，接著加入足量的冷水，使麵團表面變得光滑。於桌面撒上麵粉輕輕地揉壓麵團，揉好後裝入塑膠袋中，放入冰箱冷藏約 1 小時。

2.烤箱預熱至 190℃，麵團置於室溫下 10 分鐘左右，桿成直徑 8 吋的派皮，再壓進同尺寸的模型中。用叉子在底部戳些小洞後放入烤箱烤約 10 分鐘直到變硬，但未呈褐色；待稍稍冷卻後，將烤箱溫度降到 180℃。

3.將切成薄片的馬自拉乳酪撒在派皮上，再放一層番茄，羅勒葉蘸橄欖油後擺在番茄上。

4.擺上蒜片，倒入剩下的橄欖油，再以海鹽與黑胡椒調味，放入烤箱烤 40-45 分鐘左右，直到番茄烤熟，出爐後趁熱食用。

義大利式烤甜椒 ITALIAN ROAST PEPPERS

製作過程十分簡單，品嘗後卻令人回味無窮！這道料理將使甜椒愛好者愛不釋「口」。不僅可以作為開胃菜與法國麵包一起食用，也可以和蒸粗麥粉或米飯搭配成一頓簡單的午餐。

4 人份

材料

紅甜椒 4 個，剖開去籽
續隨子 2-3 大匙，切碎
去核黑橄欖 10-12 粒，切碎
蒜 2 瓣，切碎
馬自拉乳酪 50-75g，磨碎
麵包粉 25-40g
白酒 120ml
橄欖油 3 大匙
新鮮薄荷 1 小匙，切碎
新鮮巴西利 1 小匙，切碎
現磨黑胡椒

1. 烤箱預熱至 180℃，烤盤抹上奶油椒緊密地排在烤盤裡，撒上續隨子與黑橄欖、蒜片、馬自拉乳酪與麵包粉。

2. 倒入白酒和橄欖油，撒上薄荷與巴西利、黑胡椒粉

3. 放入烤箱烤 30-40 分鐘左右，直到表面變脆，並呈金黃色。

甜椒鯷魚泡芙 Sweet Pepper Choux with Anchovies

這道料理的烹調法是烘烤而非燉煮,該料理完成後,香氣撲鼻、令人垂涎。紅椒、青椒或黃椒的任意組合都可以。若是素食者,則鯷魚可以省略不用。

6人份

材料

　　水 300ml
　　奶油或乳瑪琳 115g
　　中筋麵粉 150g
　　雞蛋 4 顆
　　葛瑞爾乳酪 115g,切丁(切達乳酪亦可)
　　法式第戎芥末 1 小匙
　　鹽

內餡:

　　紅椒、黃椒和青椒共 3 個
　　大洋蔥 1 顆,切成 8 或 16 塊
　　番茄 3 顆,去皮切成 4 片
　　西葫蘆 1 條,切薄片
　　羅勒葉 6 片,撕成長條
　　蒜 1 瓣,拍碎
　　橄欖油 2 大匙
　　去核黑橄欖約 18 顆
　　紅酒 3 大匙
　　番茄醬或罐頭番茄糊 175ml
　　罐裝鯷魚片 50g,瀝乾
　　鹽及現磨黑胡椒

1. 烤箱預熱至 240 ℃,在 6 個烤模中抹油,準備餡料:剖開 3 個甜椒去籽與果核,切成 2.5 cm塊。

2. 將甜椒、洋蔥、番茄和西葫蘆倒入大烤盤中,放入羅勒、蒜和橄欖油拌勻,撒入鹽和黑胡椒後,以烤箱烤約 25-30 分鐘,直到邊緣的蔬菜開始變黑。

3. 將烤箱溫度降至 200 ℃,製作泡芙:把水和奶油以鍋加熱至奶油融化後離火,倒入麵粉並以木勺快速攪拌 30 秒鐘左右,直至均勻混合再靜置使其冷卻。

4. 步驟 3 中一次打入 1 顆蛋並快速拌勻,直至麵糊黏稠且光滑。倒入乳酪丁和第戎芥末,並以鹽、黑胡椒調味,將麵糊盛入步驟 1 的烤模。

5. 步驟 2 的蔬菜與湯汁舀入碗中,倒入橄欖油、紅酒和番茄醬。

6. 步驟 5 分別盛入步驟 4 中,然後把鯷魚片排在表面,放入烤箱中烘烤約 25-35 分鐘,直到泡芙膨脹並變成金黃色。配上蔬菜沙拉即可趁熱食用。

甜椒焗蛋 Eggs Flamenco

這道料理是法國巴斯克地區很受歡迎的料理「甜椒番茄炒蛋」的延伸。其中，雞蛋是整顆打入甜椒中，而不是打散後倒入。它在南非被稱作 CHAKCHOUKA（燉爛蔬菜），非常適合於午餐或晚餐時享用。

4 人份

材料

紅椒 2 個
青椒 1 個
橄欖油 2 大匙
大洋蔥 1 顆，切絲
蒜 2 瓣，拍碎
番茄 5-6 顆，去皮切碎
罐頭番茄醬或番茄汁 120ml
乾羅勒 1 大把
雞蛋 4 顆
淡味鮮奶油 40ml
卡宴辣椒粉一撮（選用）
鹽及現磨黑胡椒

1.烤箱預熱至 180℃，甜椒去籽後切絲，在鍋中加熱橄欖油，用小火煎洋蔥與蒜約 5 分鐘並不時翻動直到洋蔥與蒜都變軟為止。

2.加入甜椒後繼續煎 10 分鐘左右，放入番茄、番茄糊、乾羅勒和並調味，再以小火煮 10 分鐘直到甜椒變軟。

3.把步驟 2 盛入 4 個烤盤中，在每盤中心撥一個小洞，分別打入一顆雞蛋，並在蛋黃上淋上兩小匙鮮奶油、撒上一些黑胡椒，亦可依個人喜好撒些辣椒粉。

4.放入烤箱中烤約 12-15 分鐘，待蛋白稍稍凝固後，即可配上剛出爐的法國麵包趁熱食用。

菠菜甜椒披薩 Spinach and Pepper Pizza

12 吋 2 份

材料

新鮮菠菜 450g

淡味鮮奶油 60ml

巴馬乾酪 25g，磨碎

橄欖油 1 大匙

大洋蔥 1 顆，切成小塊

蒜 1 瓣，拍碎

青椒 1/2 顆，去籽切薄片

紅椒 1/2 顆，去籽切薄片

番茄糊 175-250ml

黑橄欖 50g，去核切碎

新鮮羅勒 1 大匙，切碎

馬自拉乳酪 175g，磨碎

切達乳酪 175g，磨碎

鹽

餅皮：

新鮮酵母 25g 或乾酵母 1 大匙

加糖 1 小匙

熱水約 225ml

高筋麵粉 350g

橄欖油 2 大匙

鹽 1 小匙

1. 麵團：混合酵母和 150ml 熱水後靜置直到表面出現氣泡。若選用乾酵母，則熱水加糖後撒入乾酵母靜置待氣泡出現。

2. 麵粉和鹽放入大碗中，在中心挖個洞倒入橄欖油和步驟 1，再加入剩餘熱水，簡單地揉成麵團。工作台撒上一些麵粉，將麵團揉至光滑。

3. 把麵團捏成球，放進抹過油的碗中。以保鮮膜覆蓋置於溫暖處 1 小時左右，直到麵團發成原來的兩倍大左右。

4. 餡料：菠菜以中火煮 4-5 分鐘直到縮水，擠出多餘水分後放入碗中，依個人口味倒入奶油、巴馬乾酪和鹽混合攪拌。

5. 在鍋中倒入橄欖油，油熱後放進洋蔥和蒜，用中火炒 3-4 分鐘直到洋蔥稍微變軟，加入甜椒煮到洋蔥變成淡淡的金黃色，不時攪動以免黏鍋。

6. 烤箱預熱至 220℃，取出步驟 3 的麵團，稍稍揉和桿成兩張直徑 12 吋的餅皮。

7. 在每張餅皮抹上番茄醬，再放上步驟 5 的洋蔥和甜椒，淋上步驟 4 的，撒上橄欖油、羅勒與巴馬乾酪和馬自拉乳酪。

8. 放入烤箱烤 15-20 分鐘直到披薩邊呈棕色，同時餡料變成金黃色即可出爐，待稍涼後即可食用。

安吉拉達玉米捲 Enchiladas with Hot Chilli Sauce

墨西哥料理絕對有辣椒,無論是辣椒粉、辣椒末、辣椒片或完整的辣椒。根據墨西哥人的標準,這種玉米捲只能算是廣受歡迎的雞肉玉米捲中比較不辣的。如果嗜食辣椒,那就在辣椒醬中再多放點辣椒吧!

4 人份

材料

玉米餅皮 8 張
切達乳酪 175g,磨碎
洋蔥 1 顆,切碎
熟雞肉 350g,切小塊
酸奶油 300ml
酪梨 1 顆,切薄片以檸檬汁浸泡,裝飾用

辣椒醬:

青辣椒 1-2 條
植物油 1 大匙
洋蔥 1 顆,切碎
蒜 1 瓣,拍碎
罐裝番茄塊 400g
番茄糊 30ml
鹽及現磨黑胡椒

3. 烤箱預熱至 180 ℃,烤盤抹油,在餅皮上撒把切達乳酪、洋蔥、約 40g 的雞肉與 1 大匙的辣椒醬,再倒上 1 大匙酸奶油,再捲起餅皮接縫朝下置於盤中。重複上述過程完成另外 7 個玉米捲並整齊地排在盤中。

4. 將剩餘的辣椒醬倒在玉米捲表面,撒上剩餘的切達乳酪和洋蔥,放入烤箱烘烤約 25-30 分鐘,直到玉米捲表面變成金黃色。出爐後配上酸奶油一起食用,最後在玉米捲表面以酪梨裝飾。

1.辣椒醬: 辣椒縱向剖開,去籽切薄片,在鍋中倒入植物油,油熱煎洋蔥和蒜 3-4 分鐘直到變軟,加入番茄塊、番茄糊和辣椒,以小火煮 12-15 分鐘,並不時攪動以免黏鍋。

2. 把步驟 1 以食物調理機拌勻後,倒回鍋中用小火煮 15 分鐘後調味離火備用。

酸辣鷹嘴豆 Hot Sour Chick-peas

這種由街頭小販沿路叫賣的小吃，在印度全國各地都很流行。香菜和小茴香中和了部分的辣椒味，而檸檬汁則為這道料理增添了令人胃口大開的酸味。

4 人份

材料

鷹嘴豆 350g，先浸泡一夜

植物油 4 大匙

中型洋蔥 2 顆，切碎

番茄 225g，去皮，切碎

香菜籽 1 大匙，磨碎

小茴香 1 大匙，磨碎

葫蘆巴 1 小匙，磨碎

肉桂 1 小匙，磨碎

青辣椒 1-2 條，去籽切薄片

鮮薑約 2.5 cm，磨碎

檸檬汁 4 大匙

香菜 1 大匙，切碎

鹽

1.鷹嘴豆瀝乾放入鍋內，倒入水需淹過豆子煮沸後加蓋煮 60-75 分鐘直到變軟，但注意不要煮乾。瀝乾豆子但煮豆水備用。

2.在鍋內加熱植物油，保留 2 大匙洋蔥，剩下的下鍋以中火煎 4-5 分鐘，並不時攪拌直到洋蔥略帶棕色。

3.加入番茄後以中小火繼續煮 5-6 分鐘，直到番茄變軟並不停攪拌直到糊狀。

4.加入香菜、小茴香、葫蘆巴和肉桂煮 30 秒後，加入步驟 1 的鷹嘴豆，與 350ml 的煮豆水。用鹽調味後，加蓋以小火煮 15-20 分鐘左右並不時攪拌，若水分收乾，就再倒一些煮豆水。

5.同時，混合辣椒、薑末、檸檬汁與洋蔥。

6.上桌食用前，把步驟 5 和一些香菜拌入步驟 4 的鷹嘴豆中，並依個人口味加以調味。

墨西哥酪梨醬 GUACAMOLE

雖然這道流行的墨西哥料理不如其他墨西哥料理辣，但也有一定程度的辣味。

4 人份

材料

熟酪梨 2 顆，去皮去核

番茄 2 顆，去皮去籽切薄片

青蔥 6 根，切碎

辣椒 1-2 條，去籽，切碎

檸檬汁 2 大匙

香菜 1 大匙，切碎

鹽及現磨黑胡椒

香菜莖，裝飾用

1. 酪梨剖開放入大碗中，用叉子切碎。

2. 加入其他食材拌勻，並依口味調味，裝盤時以新鮮香菜點綴。

232

大蕉開胃菜 Plantain Appetizer

大蕉是一種用於烹飪的香蕉，含糖量低於甜點用香蕉，不宜生吃但可用於菜餚，以下要介紹的這道大蕉開胃菜在非洲很受歡迎。

4 人份

材料

　　綠色大蕉 2 條

　　植物油 3 大匙

　　小洋蔥 1 顆，切絲

　　黃色大蕉 1 條

　　蒜 1/2 瓣，拍碎

　　鹽及卡宴辣椒粉

　　植物油，煎煮用

1. 將一條綠色大蕉去皮，切成薄圓片。

2. 在煎鍋中放入 1 大匙植物油，加熱後將大蕉煎約 2-3 分鐘，直到金黃色，期間需不時翻面。煎好後，將大蕉片盛入鋪有廚房紙巾的盤內保溫。

3. 將另外一條綠色大蕉磨碎，並與洋蔥混合。

4. 在鍋中加熱 1 大匙植物油，將步驟 3 煎 2-3 分鐘左右，直到金黃色，期間需不時翻，煎好後盛入放有大蕉的盤子。

5. 黃色大蕉去皮切丁再撒上辣椒粉，加熱剩餘的植物油，將大蕉與蒜一起煎 4-5 分鐘，直到變成棕色，瀝乾後撒鹽即可食用。

沙拉蔬菜料理

雞肝沙拉 Chicken Livers and Green Salad

4 人份

材料

新鮮沙拉蔬菜 1 袋

珠蔥 4 根，切片

扁葉巴西利 1 大匙，大致切碎

培根 115g，切碎

雞肝 450g

調味麵粉，沾裹用

葵花油 1 大匙

奶油或乳瑪琳 25g

鹽及現磨黑胡椒

醬汁：

葵花油 100ml

檸檬汁 2-3 大匙

法式第戎芥末 1 小匙

蒜 1 小瓣，拍碎

鹽及現磨黑胡椒

1. 醬汁：將油、檸檬汁、芥末、蒜及調味料放入密封罐中搖勻。

2. 沙拉蔬菜和珠蔥、巴西利放入大碗中，淋上醬汁輕輕攪拌後分盛到每個盤子中。

3. 培根煎至棕黃色裝盤保溫。

4. 雞肝處理乾淨後，用廚房紙巾吸去水分後裹粉。

5. 在鍋中加熱葵花油與奶油，待油熱後，用大火將雞肝煎 8 分鐘左右，並不時翻面，既可煎到完全煎透，亦可使雞肝內仍帶有粉紅色。

6. 煎好的雞肝盛在沙拉蔬菜上，再分散擺上培根即可食用。

凱撒沙拉 Caesar Salad

這是道用蛋黃製作沾醬的經典沙拉，且需選用長葉萵苣。該沙拉名字的來源仍是個謎，有人說，它是由一個叫做凱撒·卡迪尼的義大利人在墨西哥發明的，而還有人認為這道沙拉來自加州。

4 人份

材料

蒜 1 瓣，拍碎

橄欖油 60-75ml

白土司 75g，切丁

長葉萵苣 1 顆

鯷魚 8 條，切碎

巴馬乾酪碎屑 40g

沾醬：

蛋黃 2 個

法式第戎芥末 1/2 小匙

橄欖油 50ml

葵花油 50ml

白酒醋 1 大匙

鹽 1 撮

1. 把蒜放入油中靜置 30 分鐘左右，使蒜味進入油中。

2. 沾醬：把蛋黃、法式第戎芥末、橄欖油、葵花油、醋和鹽放入密封罐中搖勻。

3. 麵包丁：撈出步驟 1 的蒜，油熱後，將麵包丁煎成金黃色，再以廚房紙巾吸去油脂。

4. 萵苣葉放入沙拉碗中，淋上沾醬，放上鯷魚和麵包丁、撒上巴馬乾酪碎屑，便完成此道沙拉。

紅菊苣披薩 RADICCHIO PIZZA

這種較少見的披薩有切碎的紅菊苣、青蒜、番茄、巴馬乾酪與馬自拉乳酪，底部是鬆軟的餅皮，準備方便且容易製作，是晚餐的極佳選擇，可配上清脆的蔬菜沙拉作為配菜。

2 人份

材料

罐頭裝番茄 200g
蒜 2 瓣，拍碎
乾羅勒 1 撮
橄欖油 1.5 大匙，可多備些
青蒜 2 根，切片
紅菊苣 100g，粗略切碎
巴馬乾酪 20g，磨碎
馬自拉乳酪 115g，切片
黑橄欖 1012 顆，去核
羅勒，裝飾用
鹽及現磨黑胡椒

餅皮：

自發麵粉 225g
鹽小匙
奶油或乳瑪琳 50g
牛奶約 120ml

1.烤箱預熱至 220 ℃，把油塗在烤盤上，將麵粉和鹽放入碗中，拌上奶油或乳瑪琳，邊攪邊加入牛奶，揉成麵團。

2.工作台撒上少量麵粉，將麵團桿成 10-11 吋後放到烤盤上。

3.將番茄壓成泥倒入鍋中，加入一半蒜與乾羅勒並調味，以中火煮到湯汁變稠且收乾一半。

4.在大鍋中加熱橄欖油，將青蒜與蒜末炒 4-5 分鐘左右，直到稍微變軟。加入紅菊苣後繼續翻炒並不停攪拌，幾分鐘後加蓋煮 5-

10 分鐘左右，拌入巴馬乾酪，並用鹽和黑胡椒調味。

5.在餅皮抹上番茄糊再加上步驟 4，擺上馬自拉乳酪和黑橄欖，再放上蘸有橄欖油的羅勒葉，放入烤箱烤約 15-20 分鐘，直到餅皮和餡料都變成棕黃色。

鴨肉鮮橘沙拉 Warm Duck Salad with Orange

在這道沙拉中，紅菊苣、縐葉苦苣與新鮮橘子與眾不同的濃烈氣味，和鴨肉的味道互補，使這道料理近乎完美，再配上剛蒸出來的馬鈴薯，絕對是道很棒的主菜。

4 人份

材料

去骨鴨胸肉 2 塊

鹽

橘子 2 顆

縐葉苦苣、紅菊苣與野苣

雪利酒 2 大匙（medium dry）

深色醬油 2-3 小匙

1.鴨胸肉皮搓鹽後劃上幾刀。

2.將鴨胸肉皮朝下油煎，煎 20-25 分鐘左右再翻面，直到鴨皮呈棕色，且鴨肉熟至個人喜好程度即可。把鴨肉盛到盤中待稍微冷卻，倒去鍋裡多餘油脂。

3.橘子去皮分瓣，除去白色纖維，在小碗中擠出橘子汁；把蔬菜葉置於淺碗中。

4.加熱鍋裏的鴨肉汁，倒入 3 大匙橘子汁，煮沸後，加入雪利酒和適量醬油增加辣味。

5.鴨胸肉切成厚片，擺在沙拉上，淋上熱醬汁即可食用。

焗烤帕馬火腿菊苣捲 Baked Chicory with Parma Ham

儘管有些人無法接受菊苣的味道，但若在烤前先用小火煮一下，就能減少它的苦味。

4人份

材料

菊苣 4 顆
奶油 25g
蔬菜高湯或雞肉高湯 250ml
帕馬火腿 4 片
馬斯卡邦乳酪 75g
愛摩塔乳酪或切達乳酪 50g
鹽及現磨黑胡椒

4.取出菊苣，鋪平帕馬火腿，在每片放上一顆菊苣後捲起火腿，把捲好的火腿擺入烤盤中。

5.將高湯煮至收乾一半後熄火，邊攪動邊加入馬斯卡邦乳酪，再將此醬汁淋在火腿上，並撒上愛摩塔乳酪或切達乳酪後，放入烤箱烤約 15 分鐘，直到表面呈金黃色，且醬汁開始冒泡。

1.烤箱預熱至 180℃，在烤盤上抹油。將菊苣洗淨去蒂。

2.鍋中融化奶油，將菊苣以中火輕炒約 4-5 分鐘，並不時翻面，直到外層葉子變得透明。

3.加入高湯並調味，煮沸後加蓋煮 5-6 分鐘左右，直到菊苣變得軟嫩。

芝麻菜乳酪沙拉 Rocket and Grilled Chèvre Salad

在製作這道沙拉時，要選用圓柱形的山羊乳酪，可在熟食店購得可切成兩半的小捲形乳酪，約需 50 公克，可製成每人 1 份的開胃菜或每人 2 份的午餐主菜。

4 人份

材料

- 橄欖油約 1 大匙
- 植物油約 1 大匙
- 法國麵包 4 片
- 胡桃油 3 大匙
- 檸檬汁 1 大匙
- 鹽及現磨黑胡椒
- 圓柱形山羊乳酪 225g
- 芝麻菜一把
- 縐葉苦苣約 115g

醬汁：

- 杏桃果醬 3 大匙
- 白酒 4 大匙
- 法式第戎芥末 2 小匙

1. 以兩種油煎法國麵包且只煎一面，直到麵包表面呈淡金黃色。煎好後，盛到一個鋪有廚房紙巾的盤中。

2. 醬汁：以小鍋加熱果醬，但不可沸騰，把果醬濾到另一鍋中並去除果肉。在濾出的醬汁中加入白酒和法式第戎芥末，稍稍加熱並保溫。

3. 混合胡桃油、檸檬汁，並以少許鹽和黑胡椒調味。

4. 在沙拉上桌前，預熱烤架，把山羊乳酪切成 50g 的圓片並各別置於法式麵包未煎過的面上，把麵包放在烤架下烤約 3-4 分鐘，直到乳酪融化。

5. 把芝麻菜和縐葉苦苣放在步驟 3 中輕輕攪拌，分別盛入四個盤子中。麵包烤好後放在菜上，淋上少許步驟 2 的杏桃醬汁即可。

白菜蘿蔔炒扇貝 Chinese Leaves and Mooli with Scallops

這道料理的做法是大火炒白菜、白蘿蔔和扇貝，白蘿蔔和白菜都有清脆的口感，在烹調這道料理時，動作要迅速，所以需在烹調前將所有的材料準備就緒。

4人份

材料

去殼扇貝 10 個

植物油 4-5 大匙

蒜 3 瓣，切碎

鮮薑 1 cm 長

珠蔥 4-5 根，切成 2.5 cm 長

雪利酒 2 大匙（medium dry）

白蘿蔔半條，切 1 cm 厚片

白菜 1 棵，切絲

醃漬汁：

玉米粉 1 小匙

蛋白 1 個，輕微打發

白胡椒 1 小撮

醬汁：

玉米粉 1 小匙

蠔油 3 大匙

1.沖洗扇貝，將貝肉與卵巢分開，將扇貝肉切成 2-3 塊，卵巢切片，分別盛放。

2.醃漬汁：混合玉米粉、蛋白和白胡椒，一半醃貝肉，一半醃卵巢，約醃漬 10 分鐘左右。

3.醬汁：玉米粉中倒入 4 大匙水、蠔油備用。

4.鍋中加熱 2 大匙油，加入 1/2 的蒜爆香，再加入 1/2 的薑及 1/2 的青蔥，炒約 30 秒鐘，加入貝肉。

5.炒 30-60 秒直到貝肉不再透明，轉小火，加入 1 大匙雪利酒，大致翻炒幾下後，起鍋備用。

6.鍋中加熱 2 大匙油，加熱，放入剩下的蒜、薑及青蔥，炒約 1 分鐘。倒入卵巢翻炒幾下後盛到另一盤中。

7.加熱剩餘的油，加入白蘿蔔炒 30 秒後，加入白菜再炒 30 秒鐘，倒入步驟 3 的醬汁與 4 大匙水。略煮後加入步驟 5、6，待所有食材都熱透後即可上桌。

蘿蔔水果沙拉 Radish Mango and Apple Salad

蘿蔔是一年生植物，所以這道口感爽脆、味道香郁的沙拉全年均可製作，可與燻魚鮭魚捲或與火腿、義大利蒜味香腸一起食用。

4人份

材料

紅皮白蘿蔔 10-15 個
甜點用蘋果 1 顆，去皮去核切薄片
芹菜莖 2 根，切薄片
小型熟芒果 1 顆，去皮切丁

沾醬：

酸奶油 120ml
辣根醬 2 小匙
新鮮蒔蘿約 1 大匙
鹽及現磨黑胡椒
蒔蘿莖，裝飾用

1.沾醬：將酸奶油、辣根醬及茴香放在小碗中混合，並用少許鹽和黑胡椒調味。

2.紅皮白蘿蔔去頭去尾，切薄片，與蘋果、芹菜薄片放在同一碗中。

3.將芒果從核兩邊切下，在每片上縱橫地劃幾刀切成丁狀，再挖至碗中。把沾醬倒在蔬菜和水果上，並輕輕攪拌，使所有食材都沾到醬汁，最後倒入沙拉碗中，以蒔蘿點綴即可上桌。

豆瓣菜湯 WATERCRESS SOUP

4 人份

材料

葵花油 1 大匙

奶油 15g

中型洋蔥 1 顆，切碎

中型馬鈴薯 1 顆，切丁

豆瓣菜約 175g

雞肉高湯或蔬菜高湯 400ml

牛奶 400ml

檸檬汁

鹽及現磨黑胡椒

酸奶油，佐餐（選用）

1. 加熱葵花油及奶油，以小火煎洋蔥，直至變軟但未呈棕黃色，放入馬鈴薯微煎約 2-3 分鐘，加蓋以小火煮 5 分鐘並不時攪動。

2. 剝下豆瓣菜葉，並把葉莖大致切碎。

3. 鍋中加入高湯與牛奶，邊攪動邊加入豆瓣菜末並調味。煮沸後半掩鍋蓋煮約 10-12 分鐘，直到馬鈴薯變軟，加入大部分的豆瓣菜葉，再煮 2 分鐘左右。

4. 把步驟 3 倒入食物調理機中攪拌，再倒入鍋中以小火加熱，加入剩下的豆瓣菜葉，待湯熱後加入少許檸檬汁並調味。

5. 把湯倒入預熱的湯碗中，並請在上桌前視需要加入酸奶油。

烹調小技巧

若不加入酸奶油，就是道低熱量、高營養的湯品，配上脆皮麵包就是道極美味的菜餚。

豆瓣菜雙魚慕斯 WATERCRESS AND TWO-FISH TERRINE

這道料理是夏季的自助餐會或野餐的極佳選擇，可搭配檸檬美奶滋或酸奶油，佐豆瓣菜蔬菜沙拉食用。

6-8 人份

材料

鮟鱇魚 350g，切片

檸檬鰈魚 175g，切片

鹽及現磨黑胡椒

雞蛋及蛋白各 1 顆

檸檬汁 3-4 大匙

麵包粉 40-50g

打發鮮奶油 30ml

燻鮭魚 75g

豆瓣菜 175g，大致切碎

1. 烤箱預熱至 180℃，將容量 1.5公升的烤模中鋪上烘焙用紙。

2. 魚切丁後去皮去骨，放入食物調理機中並加入調味料後攪拌。

3. 大致攪碎後放入雞蛋、蛋白、檸檬汁、麵包粉與鮮奶油，攪打成醬後倒入碗中。舀出 5 大匙醬與燻鮭魚同放回調理機中攪拌後倒入另一碗中。再舀出 5 大匙醬與豆瓣菜一同攪打。

4. 把 1/2 的步驟 3 的魚醬盛到烤模中，在底部鋪平。

5. 將豆瓣菜魚醬鋪在第二層，燻鮭魚醬鋪在第三層，表面鋪上剩下的魚醬並抹平。

6. 表面蓋上烘焙用紙，再蓋上鋁箔紙，把烤模放在烤盤中，加入半滿的沸水，以烤箱烤 75-90 分鐘左右。若烤模表面鼓起，表示內容物已熟。

7. 出爐後稍微放冷後脫模，剝去烘焙用紙，冷藏 1-2 小時後即可上桌食用。

蘑菇類料理

洋菇奶油濃湯 CREAM OF MUSHROOM SOUP

一道美味的洋菇湯能將洋菇最細微，甚至是最難以捉摸的味道發揮到極至。以下介紹的這道湯品，選用表皮顏色較淡的洋菇，也能換成 chestunt mushroom 或草原野菇，則味道會更鮮美，但顏色將變成棕色。

4 人份

材料

洋菇 275g
葵花油 1 大匙
奶油 40g
小洋蔥 1 顆，切碎
中筋麵粉 1 大匙
蔬菜高湯 450ml
牛奶 450ml
乾羅勒 1 小撮
淡味鮮奶油 30-45ml（選用）
新鮮羅勒葉，裝飾用
鹽及現磨黑胡椒

1. 分開洋菇的蕈傘與蕈柄，將蕈傘撕成條狀，並切碎蕈柄。

2. 加熱油與 1/2 的奶油拌炒洋蔥、蕈柄與大部分的蕈傘，加熱 1-2 分鐘並不斷攪動，加蓋以小火加熱約 6-7 分鐘並持續攪拌。

3. 均勻拌入麵粉，再煮 1 分鐘左右後，慢慢地倒入高湯和牛奶，使成微稠的湯，加入乾羅勒葉、鹽與黑胡椒調味後湯煮沸，半掩鍋蓋煮約 15 分鐘。

4. 湯放涼後倒入食物調理機中慢慢攪勻。融化剩餘奶油，再加入剩下的洋菇約煎 3-4 分鐘直到洋菇變軟。

5. 將湯倒入另一鍋中，均勻撒入洋菇，加熱並調味。視需要加入少許淡味鮮奶油，裝盤時放上新鮮羅勒葉以裝飾。

洋菇醬西班牙蛋餅 SOUFFLÉ OMELETTE WITH MUSHROOM SAUCE

比製作普通的蛋餅要稍微複雜一點，但味道卻更美味可口。

1 人份

材料

雞蛋 2 顆，蛋黃與蛋白分開
奶油 15g
巴西利或香菜

洋菇醬：

奶油 15g
洋菇 75g，切薄片
中筋麵粉 1 大匙
牛奶 85-120ml
新鮮巴西利 1 大匙，切碎（選用）
鹽及現磨黑胡椒

1. 洋菇醬：將奶油融化，將洋菇片煎約 4-5 分鐘，直到變軟。

2. 均勻拌入麵粉後慢慢倒入牛奶並不停攪拌，直至形成光滑的洋菇醬。視需要加入巴西利，再撒上鹽和黑胡椒調味後保溫。

3. 蛋黃加入 1 大匙水，並加入少許鹽和黑胡椒調味。蛋白打至乾性發泡後加入蛋黃中並預熱烤架。

4. 在鍋中融化奶油，倒入步驟 3，以小火加熱 2-4 分鐘左右，以烤架加熱約 3-4 分鐘，直到表面變成金黃褐色。

5. 將煎蛋移入預熱的盤中，淋上洋菇醬，再對折煎蛋。上桌時，在盤中放上巴西利或撒上新鮮香菜作爲裝飾。

扁平洋菇鑲肉 Stuffed Mushrooms

這是道有濃烈大蒜味的蘑菇料理，主要食材是扁平洋菇或草原野菇，以上均可在農場商店購得。

4 人份

材料

大型扁平洋菇 450g
奶油，塗抹用
橄欖油約 5 大匙
蒜 2 瓣，切碎
新鮮巴西利 3 大匙，切碎
麵包粉 40-50g
鹽及現磨黑胡椒
平葉巴西利，裝飾用

1. 烤箱預熱至 180 ℃。，切去蕈柄備用。

2. 將蕈傘蕈褶朝上整齊地排在抹了奶油的烤盤中。

烹調小技巧

扁平洋菇的烹調時間取決於大小與厚度，若相對來說較薄，就稍微縮短烹調時間。

· 注意別讓扁平洋菇烤太軟。

· 若喜歡蒜味，則蒜就不需事先炒過。

3. 加熱 1 大匙橄欖油加熱，將蒜簡單地炒過。將蕈柄切碎後與巴西利、麵包粉合，再加入蒜、調味料 1 大匙橄欖油拌勻後，填入蕈傘中。

4. 將剩餘的油倒入烤盤中，再用塗有奶油的烘焙用紙蓋住，放入烤箱約烤 15-20 分鐘。最後 5 分鐘時掀開，使表面烤成棕色，出爐後以平葉巴西利裝飾。

洋菇酥皮牛排 Boeufen Croûte with Mushroom Filling

以洋菇丁、珠蔥、蒜與巴西利混合而成的餡是酥皮牛排的經典餡料，這道經典料理與煮熟或蒸熟的嫩馬鈴薯或綠色蔬菜都是不錯的搭配。

4 人份

材料

牛排 4 片，每片約 115-150g

法式第戎芥末少許

奶油 25g

酥皮 275g

麵包粉 25g

打勻的蛋汁，上色用

鹽及現磨黑胡椒

巴西利或山蘿蔔，裝飾用

內餡：

奶油 25g

珠蔥 4 顆，切碎

蒜 1-2 瓣，拍碎

扁平洋菇 225-275g，切碎

巴西利 1 大匙，切碎

1. 烤箱預熱至 220℃，將第戎芥末抹在牛排上，並撒上黑胡椒調味。在鍋中融化奶油，並將牛排每一面煎 1-2 分鐘左右。使牛排約為五分熟後，移至盤中降溫。

2. 餡料：融化奶油，略煎珠蔥和蒜，均勻撒入扁平洋菇丁。

3. 步驟 2 以大火煎約 3-4 分鐘，不停攪拌直到肉汁流出，轉小火煮 4-5 分鐘左右，直到湯汁收乾，加入巴西利並調味後冷卻。

4. 將酥皮切成 4 等份，每份均展成邊長 18 ㎝的正方形薄片，將滿滿一勻餡料倒在酥皮中心，放上牛排並撒上麵包粉。

5. 將酥皮的兩端折至中間，蘸少許水使其黏住。接縫處朝下置於烤盤上，用切碎的酥皮裝飾，並均勻刷上蛋汁，烤約 20 分鐘，直到酥皮變成金黃褐色，上桌時用巴西利或山蘿蔔加以裝飾。

杏鮑菇義大利貝殼麵 Gnocchi with Oyster Mushrooms

義大利貝殼麵賦予義大利麵食一種非比尋常的滋味，這道料理味道清淡，但卻能將杏鮑菇的味道發揮得恰到好處，其柔軟韌性的口感與稍硬的杏鮑菇相映成趣。

4 人份

材料

杏鮑菇 225g

橄欖油 1 大匙

中型洋蔥 1 顆，切碎

蒜 1 瓣，拍碎

梨形番茄 4 顆，去皮切碎

蔬菜高湯或水 45-60ml

鹽及現磨黑胡椒

原味義大利貝殼麵 600g

奶油 1 球

新鮮巴西利 2 小匙，切碎

巴馬乾酪，切薄片，上菜用

1.若杏鮑菇很大朵，請用手撕成細絲，油熱後以小火將洋蔥和蒜煎 4-5 分鐘左右直到變軟，但不可變成棕色。

2.轉大火加入杏鮑菇絲，約炒 3-4 分鐘並不時攪拌。

3.均勻倒入番茄、高湯或水並調味，再加蓋煮 8 分鐘左右，直到番茄變成糊狀，需不時攪拌以免黏鍋。

4.將貝殼麵以鹽水煮約 2-3 分鐘（或者依包裝指示烹煮）。瀝乾後加入奶油攪拌，再倒入預熱過的大碗中，並均勻地撒上巴西利。

5.將步驟 3 倒在則殼麵上並拌勻撒上巴馬乾酪即可裝盤上桌。

烹調小技巧

· 若杏鮑菇太大朵，則其蕈柄會較為粗糙，所以請不要食用。

· 處理杏鮑菇時，最好用手撕成細絲而不是用刀切。

海鮮杏鮑菇 Seafood and Oyster Mushroom Starter

這道料理的準備時間很短，若想讓它更豐盛美味的話，可以在醬汁中加入倒 275-350g 貝殼麵。

4 人份

材料

橄欖油 1 大匙

奶油 15g

蒜 1 小，拍碎

杏鮑菇 175g，對切

蝦仁 115-175g

煮熟淡菜 115g（選用）

檸檬汁，半顆量

雪利酒 1 大匙（medium dry）

濃味鮮奶油 150ml

鹽及現磨黑胡椒

1.在鍋中加熱油和奶油，放入蒜炒一下後加入洋菇，以中火煮 4-5 分鐘左右，直到洋菇變軟，並不時攪拌。

2.轉小火並放入蝦仁、淡菜和檸檬汁煮約 1 分鐘，並不時攪拌，均勻倒入雪利酒繼續煮 1 分鐘。

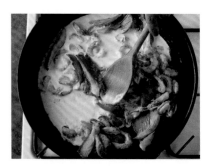

3.加入鮮奶油，以小火繼續加熱但不要煮沸，調味後盛到預熱過的盤子中，與義大利麵包一起裝盤上桌。

菇類義大利寬扁麵 Tagliatelle Fungi

這道料理的蘑菇醬所需烹調時間很短，義大利寬扁麵也非常易熟，但兩者的烹調時間必須掌握好，需在將乳酪加入醬中時開始煮麵條。

4 人份

材料

奶油約 50g
雞油菌 225-350g
中筋麵粉 1 大匙
牛奶 150ml
法式鮮奶油 90ml
新鮮巴西利 1 大匙，切碎
義大利寬扁麵 275g
橄欖油
鹽及現磨黑胡椒

3.加入鮮奶油、巴西利、雞油菌並調味後拌勻，以小火保溫。

4.將麵條放入沸水中煮約 4-5 分鐘（或依包裝指示烹煮），瀝乾再拌入橄欖油後，倒入一個預熱的盤子中，淋上蘑菇醬即可食用。

烹調小技巧

因雞油菌較嬌嫩，所以較難清洗，但因生長在森林裡，所以必須仔細地清洗乾淨。清洗時請抓住蕈柄，用冷水沖洗蕈傘，以便將隱藏的髒東西全部洗掉，輕輕甩乾。

1.在煎鍋中融化 40g 奶油，以小火煎約 2-3 分鐘，直至出現湯汁。轉大火煮至湯汁收乾後盛入碗中。

2.加入麵粉，視需要加入少許奶油。煮 1 分鐘後，緩緩加入奶油煮成濃稠的醬汁。

香菇炒飯 Shiitake Fried Rice

香菇具有濃烈的香味,以下這道料理的做法非常簡單,儘管如此但也是相當美味的。

4 人份

材料

- 雞蛋 2 顆
- 植物油 3 大匙
- 香菇 350g
- 青蔥 8 根,斜切
- 蒜 1 瓣,拍碎
- 青椒 1/2 顆,切碎
- 奶油 25g
- 煮熟長米飯 175-225g
- 雪利酒 1 大匙(mediam dry)
- 深色醬油 2 大匙
- 新鮮香菜 1 大匙,切碎
- 鹽

1.蛋打散加入 1 大匙的冷水後,放入少許鹽調味。

2.在鍋中加熱 1 大匙的油,倒入雞蛋,形成一張大蛋餅,掀起邊緣並傾斜炒鍋,便未受熱的蛋液能在蛋餅下流動,待整張蛋餅完全受熱後捲起切薄片。

3.若香菇的蕈柄太硬則切去,蕈傘切薄片,若蕈傘太大則剖開後再切片。

4.在炒鍋中加熱 1 大匙油,放入青蔥和蒜煎 3-4 分鐘,直至變軟,但未呈棕色時起鍋。

5.在鍋中加入青椒炒約 2-3 分鐘,再加入奶油和剩餘的 1 大匙油。油熱時放入香菇,以中火翻炒 3-4 分鐘直至變軟。

6.米飯拌得越鬆越好,將雪利酒倒在香菇上,再一起淋在飯上。

7.以中火加熱米飯並不停地攪拌以防黏鍋,若米飯太乾就加入少許油,撒入洋蔥、蛋皮、醬油和香菜,繼續煮數分鐘,直至所有東西都熱透即可上桌。

烹調小技巧

在義大利燉飯中,米飯會和其他的調味料一起煮熟,但中式炒飯不同的是:使用煮熟的米飯。 175-225g 生米能煮成四人份,約 450-500g 的米飯。

野蘑菇圓麵包 Wild Mushrooms in Brioche

4人份

材料

奶油圓麵包4個
橄欖油
檸檬汁4小匙
巴西利，裝飾用

野蘑菇餡料：

奶油25g
珠蔥2顆
蒜1瓣，拍碎
各種野蘑菇175-225g，若過大請切開
白酒3大匙
濃味鮮奶油3大匙
新鮮羅勒1小匙，切碎
新鮮巴西利1小匙，切碎
鹽及現磨黑胡椒

1.烤箱預熱至180℃在每個奶油圓麵包上切出一個小圓圈備用，拉出裡面的麵包使成一個小洞。

2.將奶油圓麵包放在烤架上，內外都刷上橄欖油，烤7-10分鐘左右，直至變黃變脆，在每一顆麵包裡加入1小匙檸檬汁。

3.餡料：在鍋中融化奶油，放入珠蔥和蒜炒2-3分鐘直到變軟。

4.加入野蘑菇，以小火煮約4-5分鐘並不停攪動。開始出現醬汁時，轉小火煮約3-4分鐘，並攪動至湯汁收乾。

5.淋上白酒再煮數分鐘後，加入奶油、羅勒、巴西利並調味。

6.將步驟6填入奶油圓麵包中，放入烤箱烤5-6分鐘，出爐後放上巴西利裝飾，即可作為開胃菜。

野菇煎餅 Wild Mushrooms with Pancakes

6人份

材料

野蘑菇225-275g
奶油50g
蒜1-2瓣
白蘭地（選用）
現磨黑胡椒
酸奶油

薄煎餅：

自發麵粉115g
蕎麥粉20g
泡打粉1/2小匙
雞蛋2顆
牛奶約250ml
鹽1小撮
油適量，油煎用

1.薄煎餅：在碗中混合麵粉、泡打粉和鹽，加入雞蛋和牛奶拌成如淡味鮮奶油般的麵糊。

2.以鍋熱油，油熱後淋上約1-2大匙麵糊，每張煎餅間需有空隙。

3.煎數分鐘，直到麵糊表面有氣泡，底部呈金黃色時翻面，繼續煎約1分鐘，直到兩面均呈金黃

色。以乾淨餐巾包裹保溫，約需18-20張薄煎餅。

4.較大的蘑菇需剖開，以鍋融化奶油，加入蒜和蘑菇，以中火加熱數分鐘直到出汁。轉大火繼續加熱，並攪拌至湯汁收乾。視需要淋上白蘭地並以黑胡椒調味。

5.將煎餅整齊地裝盤，放上酸奶油再淋上蘑菇即可。

烹調小技巧

將煎餅做成雞尾酒杯大小，就是道適合晚宴的開胃菜。

國家圖書館出版品預行編目資料

蔬菜烹調百科╱ Christine Ingram 著；侯玉杰、張嫻；譯
－－初版－－臺中市：晨星，2006〔民95〕面；　公分
－－（Chef Guide ： 04）
譯自： The cook's encyclopedia of vegetables

ISBN 978-986-177-049-9（平裝）

1.食譜─蔬菜

427.3　　　　　　　　　　　　　　　　95016403

Chef Guide　4

蔬菜烹調百科

作者	克莉絲汀‧殷格朗（Christine Ingram）
翻譯	侯玉杰、張嫻
責任編輯	郭芳吟
封面設計	陳虹君

發行人	陳 銘 民
發行所	晨星出版有限公司
	台中市 407 工業區 30 路 1 號
	TEL:(04)23595820　FAX:(04)23597123
	E-mail:service@morningstar.com.tw
	http://www.morningstar.com.tw
	行政院新聞局局版台業字第 2500 號
法律顧問	甘 龍 強 律師
印製	知文企業（股）公司　TEL:(04)23581803
初版	西元 2006 年 11 月 26 日

總經銷	知己圖書股份有限公司
	郵政劃撥： 15060393
	〈台北公司〉台北市 106 羅斯福路二段 95 號 4F 之 3
	TEL:(02)23672044　FAX:(02)23635741
	〈台中公司〉台中市 407 工業區 30 路 1 號
	TEL:(04)23595819　FAX:(04)23597123

定價 550 元
（缺頁或破損的書，請寄回更換）
ISBN 978-986-177-049-9

更方便的購書方式：

(1) **網站**： http://www.morningstar.com.tw 。
　　　　　或　填妥「信用卡訂購單」，郵寄至本公司。

(2) **郵政劃撥**　帳號：15060393
　　　　　戶名：知己圖書股份有限公司
　　　　　請於通信欄中註明欲購買之書名及數量。

(3) **電話訂購**：如為大量團購，可直接撥客服專線洽詢。

◎如需更詳細的書目，可上網查詢或來電索取。

◎客服專線：(04)2359-5819#230　FAX：(04)2359-7123

◎客戶信箱：service@morningstar.com.tw